JN040734

Pythonによる
実務で役立つ
最適化問題

100+

3

配送計画・パッキング・スケジューリング

久保幹雄［著］

朝倉書店

序

　実務で役に立つ 100+ の最適化問題に対する定式化と Python 言語を用いた解決法を
紹介する.

はじめに

　本書は，筆者が長年書き溜めた様々な実務的な最適化問題についてまとめたもので
ある．本書は，JupyterLab で記述されたものを自動的に変換したものであり，以下の
サポートページで公開している．コードも一部公開しているが，ソースコードを保管
した GitHub 自体はプライベートである．本を購入した人は，サポートページで公開
していないプログラムを

　https://www.logopt.com/kubomikio/opt100.zip

でダウンロードすることができる．ダウンロードしたファイルの解凍パスワードは
LG_%22_ptK+である.

作者のページ

　https://www.logopt.com/kubomikio/

本書のサポートページ

　https://scmopt.github.io/opt100/

出版社のページ

　https://www.asakura.co.jp/detail.php?book_code=12273
　https://www.asakura.co.jp/detail.php?book_code=12274
　https://www.asakura.co.jp/detail.php?book_code=12275

指針

- 厳密解法に対しては，解ける問題例の規模の指針を与える．数理最適化ソルバーを使う場合には，Gurobi か（それと互換性をもつオープンソースパッケージの）mypulp を用い，それぞれの限界を調べる．動的最適化の場合には，メモリの限界について調べる．
- 近似解法に対しては（実験的解析に基づいた）近似誤差の指針を与え，理論的な保証よりも，実務での性能を重視して紹介する．
- 複数の定式化を示し，どの定式化が実務的に良いかの指針を示す．
- できるだけベンチマーク問題例（インスタンス）を用いる．
- 解説ビデオも YouTube で公開する．
- 主要な問題に対してはアプリを作ってデモをしたビデオを公開する．

格言

本書は，以下の格言に基づいて書かれている．

- 多項式時間の厳密解法にこだわるなかれ．言い換えれば well-solved special case は，ほとんど役に立たない．
- 最悪値解析にこだわるなかれ．最悪の場合の問題例（インスタンス; instance）というのは滅多に実務には現れない．そのような問題例に対して，最適値の数倍という保証をもつ近似解法というのは，通常の問題例に対して良い解を算出するという訳ではない．我々の経験では，ほとんどの場合に役に立たない．
- 確率的解析にこだわるなかれ．上と同様の理由による．実際問題はランダムに生成されたものではないのだ．
- ベンチマーク問題に対する結果だけを信じるなかれ．特定のベンチマーク問題例に特化した解法というのは，往々にして実際問題では役に立たない．
- 精度にこだわるなかれ．計算機内では，通常は，数値演算は有限の桁で行われていることを忘れてはいけない．
- 手持ちの解法にこだわるのではなく，問題にあった解法を探せ．世の中に万能薬はないし，特定の計算機環境でないと動かない手法は往々にして役に立たない．

動作環境

Poetry もしくは pip で以下のパッケージを入れる．他にも商用ソルバー Gurobi, Opt-Seq, SCOP などを利用している．これらについては，付録 1 で解説する．

```
python = ">=3.8,<3.10"
mypulp = "^0.0.11"
networkx = "^2.5"
matplotlib = "^3.3.3"
plotly = "^4.13.0"
numpy = "^1.19.4"
pandas = "^1.1.4"
requests = "^2.25.0"
seaborn = "^0.11.0"
streamlit = "^0.71.0"
scikit-learn = "^0.23.2"
statsmodels = "^0.12.1"
pydot = "^1.4.2"
Graphillion = "^1.4"
cspy = "^0.1.2"
ortools = "^8.2.8710"
cvxpy = "^1.1.12"
Riskfolio-Lib = "^3.3"
yfinance = "^0.1.59"
gurobipy = "^9.1.1"
numba = "^0.53.1"
grblogtools = "^0.3.1"
PySCIPOpt = "^3.3.0"
HeapDict = "^1.0.1"
scipy = "1.7.0"
intvalpy = "^1.5.8"
lkh = "^1.1.0"
```

100+の最適化問題

本書では次のような話題を取り上げている．

（1 巻）

- 線形最適化
- （2 次）錐最適化
- 整数最適化
- 混合問題（ロバスト最適化）
- 栄養問題
- 最短路問題
- 負の費用をもつ最短路問題
- 時刻依存最短路問題

（第 3 巻）

- 容量制約付き配送計画問題
- 時間枠付き配送計画問題
- トレーラー型配送計画問題（集合分割アプローチ）
- 分割配送計画問題
- 巡回セールスマン型配送計画問題（ルート先・クラスター後法）
- 運搬スケジューリング問題
- 積み込み積み降ろし型配送計画問題
- 複数デポ配送計画問題（METRO）
- Euler 閉路問題
- 中国郵便配達人問題
- 田舎の郵便配達人問題
- 容量制約付き枝巡回問題
- 空輸送最小化問題
- ビンパッキング問題
- カッティングストック問題
- d 次元ベクトルビンパッキング問題
- 変動サイズベクトルパッキング問題
- 2 次元（長方形; 矩形）パッキング問題
- 確率的ビンパッキング問題
- オンラインビンパッキング問題
- 集合被覆問題
- 集合分割問題

- 集合パッキング問題
- 数分割問題
- 複数装置スケジューリング問題
- 整数ナップサック問題
- 0-1 ナップサック問題
- 多制約ナップサック問題
- 1 機械リリース時刻付き重み付き完了時刻和最小化問題
- 1 機械総納期遅れ最小化問題
- 順列フローショップ問題
- ジョブショップスケジューリング問題
- 資源制約付きスケジューリング問題（OptSeq）
- 乗務員スケジューリング問題
- シフト最適化問題
- ナーススケジューリング問題
- 業務割当を考慮したシフトスケジューリング問題（OptShift）
- 起動停止問題
- ポーフォリオ最適化問題
- 重み付き制約充足問題（SCOP）
- 時間割作成問題
- n クイーン問題

目　　次

第 1 巻・第 2 巻略目次

23 配送計画問題

- 配送計画問題に対する定式化とアルゴリズム

23.1 準備

　以下では，巡回セールスマン問題を解くためのモジュール（書籍購入者だけがダウンロードできるファイルに含まれている）tsp.py を読み込んでいる．環境によって，モジュールファイルの場所は適宜変更されたい．

```
from collections import defaultdict
import itertools
import random
import math
from gurobipy import Model, quicksum, GRB
# from mypulp import Model, quicksum, GRB
from gurobipy import Column

import numpy as np
import networkx as nx
import matplotlib.pyplot as plt

import sys
sys.path.append("..")
import opt100.tsp as tsp
```

関連動画

23.2 配送計画問題

　配送計画問題（運搬経路問題）は，我が国では最も普及しているロジスティクス・ツールである配送計画の基幹を成すモデルである．本来ならば，配送だけでなく集荷にも使われるので**運搬経路問題**（vehicle routing problem）とよぶのが学術用語として

は正しい使い方だが,「運搬」という言葉のイメージが悪いためか,実務家および研究者の間でも**配送計画問題**とよばれることが多いので,ここでもそれにならうものとする.

一般に,配送計画問題の基本形は以下の仮定をもつ.

- デポとよばれる特定の地点を出発した運搬車が,顧客を経由し再びデポに戻る.このとき運搬車による顧客の通過順をルートとよぶ.
- デポに待機している運搬車の種類および最大積載重量は既知である.
- 顧客の位置は既知であり,各顧客の需要量も事前に与えられている.
- 地点間の移動時間,移動距離,移動費用は既知である.
- 1つのルートに含まれる顧客の需要量の合計は運搬車の最大積載重量を超えない.
- 運搬車の台数は,決められた上限を超えない(超過した運搬車に対するレンタル料を考える場合もある).
- 運搬車の稼働時間が与えられた上限を超えない(超過時間を残業費用として考える場合もある).

配送計画問題の応用としては,小売店への配送計画,スクールバスの巡回路決定,郵便や宅配便の配達,ゴミの収集,燃料の配送などがある.もちろん,これらの応用に適用する際には,上の基本条件に新たな条件を付加する必要がある.

配送計画問題に対する厳密解法(最適解を算出することが保証されているアルゴリズム)としては列生成法(分枝価格法)が有効である.列生成法は,時間枠制約(何時から何時までの間に顧客を訪問しなければならないという制約条件)がきついときや,1台の運搬車が訪問する顧客数が少ないときに有効になる.

一方,一般の配送計画問題に対しては,現状ではヒューリスティクス(最適解を算出することが保証されていないアルゴリズム)を用いることが多い.

23.3 対称容量制約付き配送計画問題

運搬車の数を m,点(顧客およびデポを表す)の数を n とする.デポの番号は1とする.顧客 $i = 2, 3, \ldots, n$ は需要量 q_i をもち,その需要はある運搬車によって運ばれる(または収集される)ものとする.運搬車 $k = 1, 2, \ldots, m$ は有限の積載量上限 Q をもち,運搬車によって運ばれる需要量の合計は,その値を超えないものとする.通常は,顧客の需要量の最大値 $\max\{q_i\}$ は,運搬車の容量 Q を超えないものと仮定する.もし,積載量の最大値を超える需要をもつ顧客が存在するなら,(積載量の上限に収まるように)需要を適当に分割しておくことによって,上の仮定を満たすように変換できる.

　運搬車が点 i から点 j に移動するときにかかる費用を c_{ij} と書く．ここでは移動費用は対称 (すなわち $c_{ij} = c_{ji}$) とする．配送計画問題の目的はすべての顧客の需要を満たす m 台の運搬車の最適ルート（デポを出発して再びデポへ戻ってくる単純閉路）を求めることである．

　点 i, j 間を運搬車が移動する回数を表す変数 x_{ij} を導入する．対称な問題を仮定するので，変数 x_{ij} は $i < j$ を満たす点 i, j 間にだけ定義される．x_{ij} がデポに接続しない枝に対しては，運搬車が通過するときに 1，それ以外のとき 0 を表すが，デポからある点 j に移動してすぐにデポに帰還するいわゆるピストン輸送の場合には，x_{1j} は 2 となる．

　容量制約付き配送計画問題の定式化は，以下のようになる．

$$
\begin{aligned}
minimize \quad & \sum_{i,j} c_{ij} x_{ij} \\
s.t. \quad & \sum_{j} x_{1j} = 2m \\
& \sum_{j} x_{ij} = 2 && \forall i = 2, 3, \ldots, n \\
& \sum_{i,j \in S} x_{ij} \le |S| - N(S) && \forall S \subset \{2, 3, \ldots, n\}, \ |S| \ge 3 \\
& x_{1j} \in \{0, 1, 2\} && \forall j = 2, \ldots, n \\
& x_{ij} \in \{0, 1\} && \forall i < j, \ i \ne 1
\end{aligned}
$$

ここで，最初の制約は，デポ（点 1）から m 台の運搬車があることを規定する．すなわち，点 1 に出入りする運搬車を表す枝の本数が $2m$ 本であることを表す．2 番目の制約は，各顧客に 1 台の運搬車が訪問することを表す．3 番目の制約は，運搬車の容量制約と部分巡回路を禁止することを同時に規定する制約である．この制約で用いられる $N(S)$ は，顧客の部分集合 S を与えたときに計算される関数であり，「S 内の顧客の需要を運ぶために必要な運搬車の数」と定義される．

　$N(S)$ を計算するためには，箱詰め問題を解く必要があるが，通常は以下の下界で代用する．

$$
\left\lceil \sum_{i \in S} q_i / Q \right\rceil
$$

ここで $\lceil \cdot \rceil$ は天井関数である．巡回セールスマン問題に対して適用したように，線形緩和問題の解を $\bar{x}_e \ (e \in E)$ としたとき，$\bar{x}_e$ が正の枝から構成されるグラフ上で連結成分を求めることによる分枝カット法を考える．

　容量制約付き配送計画問題のベンチマーク問題例は，以下のサイトからダウンロードできる．

https://neo.lcc.uma.es/vrp/vrp-instances/capacitated-vrp-instances/

```
def vrp(V, c, m, q, Q):
    """solve_vrp -- solve the vehicle routing problem.
       - start with assignment model (depot has a special status)
       - add cuts until all components of the graph are connected
    Parameters:
       - V: set/list of nodes in the graph
       - c[i,j]: cost for traversing edge (i,j)
       - m: number of vehicles available
       - q[i]: demand for customer i
       - Q: vehicle capacity
    Returns the optimum objective value and the list of edges used.
    """

    def vrp_callback(model, where):
        """vrp_callback: add constraint to eliminate infeasible solutions
        Parameters: gurobi standard:
           - model: current model
           - where: indicator for location in the search
        If solution is infeasible, adds a cut using cbLazy
        """
        if where != GRB.callback.MIPSOL:
            return
        edges = []
        for (i, j) in x:
            if model.cbGetSolution(x[i, j]) > 0.5:
                if i != V[0] and j != V[0]:
                    edges.append((i, j))
        G = nx.Graph()
        G.add_edges_from(edges)
        Components = nx.connected_components(G)
        for S in Components:
            S_card = len(S)
            q_sum = sum(q[i] for i in S)
            NS = int(math.ceil(float(q_sum) / Q))
            S_edges = [(i, j) for i in S for j in S if i < j and (i, j) in edges]
            if S_card >= 3 and (len(S_edges) >= S_card or NS > 1):
                model.cbLazy(
                    quicksum(x[i, j] for i in S for j in S if j > i) <= S_card - NS
                )
                # print ("adding cut for",S_edges)
        return

    model = Model("vrp")
    x = {}
    for i in V:
        for j in V:
            if j > i and i == V[0]:  # depot
                x[i, j] = model.addVar(ub=2, vtype="I", name="x(%s,%s)" % (i, j))
            elif j > i:
```

```
            x[i, j] = model.addVar(ub=1, vtype="I", name="x(%s,%s)" % (i, j))
    model.update()

    model.addConstr(quicksum(x[V[0], j] for j in V[1:]) == 2 * m, "DegreeDepot")
    for i in V[1:]:
        model.addConstr(
            quicksum(x[j, i] for j in V if j < i)
            + quicksum(x[i, j] for j in V if j > i)
            == 2,
            "Degree(%s)" % i,
        )

    model.setObjective(
        quicksum(c[i, j] * x[i, j] for i in V for j in V if j > i), GRB.MINIMIZE
    )

    model.update()
    model.__data = x
    return model, vrp_callback
```

ベンチマーク問題例を読み込む.

```
# benchmark instance
def distance(x1, y1, x2, y2):
    """distance: euclidean distance between (x1,y1) and (x2,y2)"""
    return math.sqrt((x2 - x1) ** 2 + (y2 - y1) ** 2)

folder = "../data/cvrp/"
# file_name = "E-n22-k4.vrp"
file_name = "E-n30-k3.vrp"
# file_name = "E-n51-k5.vrp"
f = open(folder + file_name)
data = f.readlines()
f.close()
n = int(data[3].split()[-1])
Q = int(data[5].split()[-1])
print("n=", n, "Q=", Q)
x, y, q = {}, {}, {}
pos = {}
for i, row in enumerate(data[7 : 7 + n]):
    id_no, x[i], y[i] = list(map(int, row.split()))
    pos[i] = x[i], y[i]
for i, row in enumerate(data[8 + n : 8 + 2 * n]):
    id_no, q[i] = list(map(int, row.split()))
m = 3
c = {}
for i in range(n):
    for j in range(n):
        if i != j:
            c[i, j] = int(distance(x[i], y[i], x[j], y[j]))
```

n= 30 Q= 4500

```
V = list(range(n))
model, vrp_callback = vrp(V, c, m, q, Q)
# model.Params.OutputFlag = 0 # silent mode
model.params.DualReductions = 0
model.params.LazyConstraints = 1
model.optimize(vrp_callback)
xx = model.__data

edges = []
for (i, j) in xx:
    if xx[i, j].X > 0.5:
        edges.append((i, j))
G = nx.Graph()
G.add_edges_from(edges)
nx.draw(G, pos=pos, node_size=1000 / n + 10, with_labels=False, node_color="blue")
plt.show()
```

```
Changed value of parameter DualReductions to 0
   Prev: 1  Min: 0  Max: 1  Default: 1
Changed value of parameter LazyConstraints to 1
   Prev: 0  Min: 0  Max: 1  Default: 0
Gurobi Optimizer version 9.1.1 build v9.1.1rc0 (mac64)
Thread count: 8 physical cores, 16 logical processors, using up to 16 threads
Optimize a model with 30 rows, 435 columns and 870 nonzeros
Model fingerprint: 0x45969758
Variable types: 0 continuous, 435 integer (0 binary)
Coefficient statistics:
  Matrix range      [1e+00, 1e+00]
  Objective range   [1e+00, 1e+02]
  Bounds range      [1e+00, 2e+00]
  RHS range         [2e+00, 6e+00]
Presolve time: 0.00s
Presolved: 30 rows, 435 columns, 870 nonzeros
Variable types: 0 continuous, 435 integer (406 binary)

Root relaxation: objective 3.390000e+02, 40 iterations, 0.00 seconds

    Nodes    |    Current Node    |     Objective Bounds     |     Work
 Expl Unexpl |  Obj  Depth IntInf | Incumbent    BestBd   Gap | It/Node Time

     0     0  339.00000    0    6       -  339.00000     -      -    0s
     0     0  377.00000    0   10       -  377.00000     -      -    0s
     0     0  388.50000    0   14       -  388.50000     -      -    0s
     0     0  392.25000    0   13       -  392.25000     -      -    0s
     0     0  471.14286    0   27       -  471.14286     -      -    0s
     0     0  484.00000    0   10       -  484.00000     -      -    0s
     0     0  485.33333    0   17       -  485.33333     -      -    0s
```

```
     0     2  487.00000     0   17         -  487.00000     -     -   0s
* 1300  1099               35      539.0000000  493.00000  8.53%  5.6   0s
H 1544  1083                       537.0000000  493.00000  8.19%  5.9   2s
* 1688  1097               14      513.0000000  493.00000  3.90%  5.9   2s
  8245  1328  509.00000    27   40  513.00000   506.00000  1.36%  6.5   5s

Cutting planes:
  Gomory: 2
  Flow cover: 1
  Zero half: 2
  Relax-and-lift: 1
  Lazy constraints: 1525

Explored 13257 nodes (86806 simplex iterations) in 6.95 seconds
Thread count was 16 (of 16 available processors)

Solution count 3: 513 537 539

Optimal solution found (tolerance 1.00e-04)
Best objective 5.130000000000e+02, best bound 5.130000000000e+02, gap 0.0000%

User-callback calls 29526, time in user-callback 1.32 sec
```

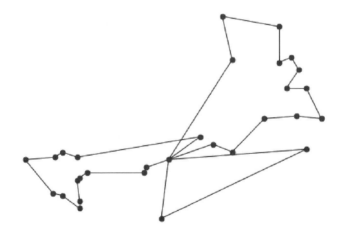

23.4 非対称容量制約付き配送計画問題

　非対称な移動費用をもつ容量制約付きの配送計画問題に対しては，巡回セールスマン問題に対する Miller–Tucker–Zemlin のポテンシャル定式化を拡張したものが使える.

$$\text{minimize} \quad \sum_{i,j} c_{ij} x_{ij}$$

$$\text{s.t.} \quad \sum_{j} x_{ji} = \sum_{j} x_{ij} = 1 \qquad \forall i$$

$$\sum_{j} x_{0j} = \sum_{j} x_{j0} = m$$

$$u_i - u_j + Q x_{ij} \leq Q - q_j \qquad \forall i, j, i \neq j$$

$$q_i \leq u_i \leq Q \qquad \forall i$$

$$x_{ij} \in \{0, 1\} \qquad \forall i, j$$

```
# benchmark instance
folder = "../data/cvrp/"
#file_name = "E-n22-k4.vrp"
#file_name = "E-n30-k3.vrp"
file_name = "E-n51-k5.vrp"
m = 5 #運搬車の台数；ベンチマーク問題例のk?の?を代入
f = open(folder + file_name)
data = f.readlines()
f.close()
n = int(data[3].split()[-1])
Q = int(data[5].split()[-1])
print("n=",n, "Q=",Q)
x, y, q = {}, {}, {}
pos = {}
for i, row in enumerate(data[7 : 7 + n]):
    id_no, x[i], y[i] = list(map(int, row.split()))
    pos[i] = x[i], y[i]
for i, row in enumerate(data[8 + n : 8 + 2 * n]):
    id_no, q[i] = list(map(int, row.split()))

c = {}
for i in range(n):
    for j in range(n):
        if i != j:
            c[i, j] = int(distance(x[i], y[i], x[j], y[j]))
```

```
n= 51 Q= 160
```

```
model = Model("avrp - mtz")
x, u = {}, {}
for i in range(n):
    u[i] = model.addVar(lb=q[i], ub=Q, vtype="C", name="u(%s)" % i)
    for j in range(n):
        if i != j:
            x[i, j] = model.addVar(vtype="B", name="x(%s,%s)" % (i, j))
model.update()

for i in range(1, n):
```

```
    model.addConstr(quicksum(x[i, j] for j in range(n) if j != i) == 1, "Out(%s)" % i)
    model.addConstr(quicksum(x[j, i] for j in range(n) if j != i) == 1, "In(%s)" % i)
# depot
model.addConstr(quicksum(x[0, j] for j in range(1, n) if j != i) == m, "Out(%s)" % 0)
model.addConstr(quicksum(x[j, 0] for j in range(1, n) if j != i) == m, "In(%s)" % 0)

for i in range(n):
    for j in range(1, n):
        if i != j:
            model.addConstr(
                u[i] - u[j] + Q * x[i, j] <= Q - q[j], "MTZ(%s,%s)" % (i, j)
            )

model.setObjective(quicksum(c[i, j] * x[i, j] for (i, j) in x), GRB.MINIMIZE)

model.optimize()
```

```
G = nx.Graph()
for (i, j) in x:
    if x[i, j].X > 0.001:
        # print(i,j)
        G.add_edge(i, j)
nx.draw(G, pos=pos, node_size=1000 / n + 10, with_labels=False, node_color="blue")
plt.show()
```

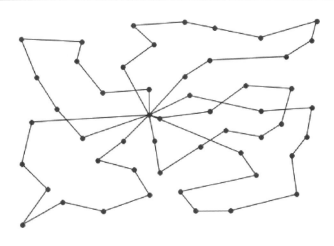

23.5 時間枠付き配送計画問題

　ポテンシャルを用いた定式化は，時間枠付き配送計画問題に対しても使える．この場合には，ポテンシャルは時刻になる．詳細は，時間枠付き巡回セールスマン問題を

参照されたい.

　非対称な移動費用をもつ容量制約付きの配送計画問題に対してポテンシャル定式化を拡張した定式化は, 以下のように記述できる.

$$\text{minimize} \quad \sum_{i,j} c_{ij} x_{ij}$$

$$s.t. \quad \sum_j x_{ji} = \sum_j x_{ij} = 1 \qquad \forall i$$

$$\sum_j x_{0j} = \sum_j x_{j0} = m$$

$$u_i - u_j + Q x_{ij} \le Q - q_j \qquad \forall i, j, \; i \ne j$$

$$t_i - t_j + M x_{ij} \le M - c_{ij} \qquad \forall i, j, \; i \ne j$$

$$q_i \le u_i \le Q \qquad \forall i$$

$$e_i \le t_i \le \ell_i \qquad \forall i$$

$$x_{ij} \in \{0, 1\} \qquad \forall i, j$$

時間枠付き配送計画問題に対するベンチマーク問題例は, 以下のサイトからダウンロードできる.

```
https://people.idsia.ch/~luca/macs-vrptw/solutions/welcome.htm
```

```
folder = "../data/vrptw/"
#file_name = "RC208.txt"
file_name = "c101.txt"
f = open(folder + file_name)
data = f.readlines()
f.close()
```

```
m, Q = list(map(int, data[4].split()))
print("m=",m, "Q=", Q)
x, y, q, e, l, s = {}, {}, {}, {}, {}, {}
pos = {}
for i, row in enumerate(data[9:]):
    id_num, x[i], y[i], q[i], e[i], l[i], s[i] = list(map(int, row.split()))
    pos[i] = x[i], y[i]
```

```
m= 25 Q= 200
```

```
n = len(x)
c = {}
for i in range(n):
    for j in range(n):
        if i != j:
            c[i, j] = distance(x[i], y[i], x[j], y[j]) + s[i] #s[i]は作業時間
```

```
model = Model("vrptw - mtz")
x, u, t = {}, {}, {}
for i in range(n):
    u[i] = model.addVar(lb=q[i], ub=Q, vtype="C", name="u(%s)" % i)
    t[i] = model.addVar(lb=e[i], ub=l[i], vtype="C", name="t(%s)" % i)
    for j in range(n):
        if i != j:
            x[i, j] = model.addVar(vtype="B", name="x(%s,%s)" % (i, j))
model.update()

for i in range(1, n):
    model.addConstr(quicksum(x[i, j] for j in range(n) if j != i) == 1, "Out(%s)" % i)
    model.addConstr(quicksum(x[j, i] for j in range(n) if j != i) == 1, "In(%s)" % i)
# depot
model.addConstr(quicksum(x[0, j] for j in range(1, n) if j != i) == m, "Out(%s)" % 0)
model.addConstr(quicksum(x[j, 0] for j in range(1, n) if j != i) == m, "In(%s)" % 0)

for i in range(n):
    for j in range(1, n):
        if i != j:
            M = max(l[i] + c[i, j] - e[j], 0)
            model.addConstr(
                u[i] - u[j] + Q * x[i, j] <= Q - q[j], "MTZ(%s,%s)" % (i, j)
            )
            model.addConstr(
                t[i] - t[j] + M * x[i, j] <= M - c[i, j], "MTZ2(%s,%s)" % (i, j)
            )

model.setObjective(quicksum(c[i, j] * x[i, j] for (i, j) in x), GRB.MINIMIZE)

model.optimize()
```

```
... (略) ...

Cutting planes:
  Gomory: 1
  Implied bound: 4
  MIR: 7
  StrongCG: 1
  Mod-K: 1
  Relax-and-lift: 16

Explored 1 nodes (689 simplex iterations) in 0.42 seconds
Thread count was 16 (of 16 available processors)

Solution count 6: 10235.4 10236.1 10323.9 ... 11134.5

Optimal solution found (tolerance 1.00e-04)
```

Best objective 1.023539537861e+04, best bound 1.023539537861e+04, gap 0.0000%

```
G = nx.Graph()
for (i, j) in x:
    if x[i, j].X > 0.001:
        G.add_edge(i, j)
nx.draw(G, pos=pos, node_size=1000 / n + 10, with_labels=False, node_color="blue")
plt.show()
```

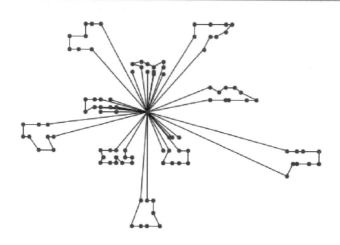

23.6 時間枠付き配送計画問題に対するメタヒューリスティクスの設計方法の基本原理

　時間枠付き配送計画問題に対する近傍探索ベースのメタヒューリスティクスを設計するためには，補助配列の利用が有効である．

　パス P に対して，以下の量を補助配列に保管しておく．

- 総時間 $TT(P)$ (total time)
- 最後の点の最早到着時刻 $ED(P)$ (earliest departure)
- 最初の点の最遅発時刻 $LD(P)$ (latest departure): その時刻より遅く出ると，パス内のどこかの点で時間枠を逸脱する．

　パス P （最終地点を i）に点 j （時間枠 $[E_j, L_j]$）を追加する際には，以下のように更新する．点 i, j 間の移動時間を T_{ij}，点 i の作業時間を S_i とする．

$$TT := TT + T_{ij} + S_j$$

$$ED := \max\{ED + T_{ij}, E_j\} + S_j$$

$$LD := \min\{LD, L_j - TT - T_{ij}\}$$

発時刻から T_{max} 時間以内であるための条件は，最後の地点（デポ）への最早到着時刻が，最遅発時刻に T_{max} を加えた時刻以下であれば良いので，以下の式で確認できる.

$$ED \leq LD + T_{max}$$

23.7 トレーラー型配送計画問題（集合被覆アプローチ）

1 ルートあたりの配送件数が少ない容量制約付き配送計画問題は，トレーラー型配送計画問題とよばれ，ルートをあらかじめ列挙しておくことによって集合被覆（分割）問題に帰着させることができる.

実行可能なルートの集合を R と書く．ここで実行可能とは，ルートに含まれている顧客を，与えられたすべての条件を満たして巡回可能なことを指す．a_{ir} を顧客 i がルート r に含まれているとき 1，それ以外のとき 0 であるパラメータとする．容量制約付き配送計画問題の場合には，実行可能なルート $r\,(\in R)$ は以下の式を満たす.

$$\sum_{i \in V_0} a_{ij} q_i \leq Q$$

ルート $r \in R$ に付随する費用を c_r と書く．これは巡回費用と，運搬車の固定費用の和になる．これは，ルートに含まれる顧客の集合に対して最小費用の訪問順を求めることによって決められる．この問題は，デポとルートに含まれる顧客を合わせた点集合に対する巡回セールスマン問題（時間枠が付いている場合には，時間枠付き巡回セールスマン問題）となる．一般には，この問題は難しいが，ここでは 1 つのルートに含まれる顧客数が少ないことを想定している（それが集合被覆問題を用いた解法を適用する際の条件となる）ので，比較的容易に解くことができる．通常は，1 つのルートに含まれる顧客数が 5 以下なので，全列挙や動的最適化を用いれば良い.

以下の 0-1 変数を用いる.

$$x_r = \begin{cases} 1 & \text{ルート } r \text{ が最適ルートに含まれる} \\ 0 & \text{それ以外} \end{cases}$$

定式化は，以下のように書ける.

$$\begin{aligned} minimize \quad & \sum_{r \in R} c_r x_r \\ s.t. \quad & \sum_{r \in R} a_{ir} x_r \geq 1 \quad \forall i \in V_0 \\ & x_r \in \{0, 1\} \quad \forall r \in R \end{aligned}$$

上の問題は，制約式の係数が 0 または 1 で，右辺定数がすべて 1 であるという特殊構

造をもつ 0-1 整数最適化問題であり，一般に**集合被覆問題**（set covering problem）とよばれる．また，制約がすべて等号の場合を**集合分割問題**（set partitioning problem）とよぶ．

運搬車の台数を m 台に固定したときの定式化は，以下のように書ける．

$$
\begin{aligned}
minimize \quad & \sum_{r \in R} c_r x_r \\
s.t. \quad & \sum_{r \in R} a_{ir} x_r \geq 1 \quad \forall i \in V_0 \\
& \sum_{r \in R} x_r = m \\
& x_r \in \{0, 1\} \quad \forall r \in R
\end{aligned}
$$

この問題は，数理最適化ソルバーで比較的簡単に解くことができる．

以下では，ランダムな問題例に対して，ルートに含まれる点数が [LB,UB] の部分集合を列挙し，集合被覆アプローチを適用する．

```
#ランダムな問題例の生成
random.seed(1)
n = 50
xx = dict([(i, 100 * random.random()) for i in range(n)])
yy = dict([(i, 100 * random.random()) for i in range(n)])
G = nx.Graph()
pos = {}
for i in range(n):
    pos[i] = xx[i], yy[i]
    G.add_node(i)
V = G.nodes()
c, q = {}, {}
Q = 100
for i in V:
    q[i] = random.randint(15, 65)
    for j in V:
        c[i, j] = distance(xx[i], yy[i], xx[j], yy[j])
        G.add_edge(i,j)
q[0] = 0

def generate_routes(V,c,q,Q,LB=1,UB=1,fixed_cost=0):
    """
    ルート生成：点数が[LB,UB]の部分集合を列挙して最適順回路を求める
    """
    def findsubsets(s, n):
        return [set(i) for i in itertools.combinations(s, n)]

    n = len(V)
    V0 = set(V) - {0}
    route = {}
    for i in V0:
```

```
        route[i] = []
    cost = {}
    visit = {}
    r = 0
    for n in range(LB, UB + 1):
        for S in findsubsets(V0, n):
            if sum(q[i] for i in S) > Q:
                continue
            SS = list(S)
            SS.insert(0, 0)
            opt_val, tour = tsp.tspdp(len(SS), c, SS)
            cost[r] = opt_val + fixed_cost
            visit[r] = tour
            for i in tour[1:-1]:
                route[i].append(r)
            r += 1
    num_of_routes = r

    return  cost, route, visit, num_of_routes
```

```
cost, route, visit, num_of_routes = generate_routes(V,c,q,Q,LB=1,UB=3,fixed_cost=0)
V0 = set(V) - {0}
model = Model("scp")
x = {}
for r in cost:
    x[r] = model.addVar(vtype="B", name=f"x[{r}]")
model.update()

constr = {}
for i in V0:
    constr[i] = model.addConstr(quicksum(x[r] for r in route[i]) >= 1, ↵
                        name=f"cover({i})")

model.setObjective(quicksum(cost[r] * x[r] for r in cost), GRB.MINIMIZE)

model.optimize()

print(model.ObjVal)
```

```
... （略）...

Cutting planes:
  Gomory: 1
  Clique: 8
  MIR: 1
  Inf proof: 1
  Zero half: 8
  Mod-K: 3
```

```
Explored 1 nodes (827 simplex iterations) in 0.57 seconds
Thread count was 16 (of 16 available processors)

Solution count 9: 2438.94 2484.53 2487.39 ... 8017.25

Optimal solution found (tolerance 1.00e-04)
Best objective 2.438935955904e+03, best bound 2.438935955904e+03, gap 0.0000%
2438.9359559037234
```

```python
edges = []
for r in x:
    if x[r].X > 0.001:
        for idx, i in enumerate(visit[r][:-1]):
            edges.append((i, visit[r][idx + 1]))
        edges.append((visit[r][-1], 0))
G.remove_edges_from(G.edges())
nx.draw(G, pos=pos, with_labels=True, node_color="y")
nx.draw_networkx_edges(G, pos=pos, edgelist=edges, edge_color="blue", width=1);
```

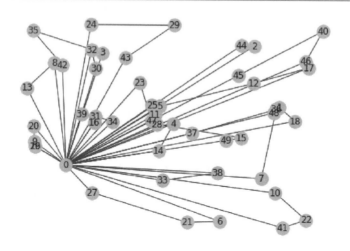

23.8 列生成法

　一般の配送計画問題に対して，集合被覆アプローチを適用すると，実行可能なルートの数が膨大になるので，効率的でない．線形最適化緩和問題の双対変数の情報を用いて，必要なルートだけを列挙する方法は，**列生成法**（column generation method）とよばれ，列挙する方法をきちんと設計すれば，付加制約付きの配送計画問題を数理最適化ソルバーベースで解くことが可能になる．

以下では，ルートを列挙するための方法にビームサーチを用いた容量制約付き配送
計画問題に対する列生成法を示す．

```python
# benchmark instance
folder = "../data/cvrp/"
file_name = "E-n22-k4.vrp"
#file_name = "E-n30-k3.vrp"
#file_name = "E-n51-k5.vrp"
m = 4
f = open(folder + file_name)
data = f.readlines()
f.close()
n = int(data[3].split()[-1])
Q = int(data[5].split()[-1])
print("n=",n, "Q=",Q)
x, y, q = {}, {}, {}
pos = {}
for i, row in enumerate(data[7 : 7 + n]):
    id_no, x[i], y[i] = list(map(int, row.split()))
    pos[i] = x[i], y[i]
for i, row in enumerate(data[8 + n : 8 + 2 * n]):
    id_no, q[i] = list(map(int, row.split()))
c = {}
for i in range(n):
    for j in range(n):
        c[i, j] = int(distance(x[i], y[i], x[j], y[j]))
G = nx.Graph()
for i in range(n):
    for j in range(n):
        if i!=j:
            G.add_edge(i,j)
V = G.nodes()
```

n= 22 Q= 6000

```python
def beam_search(bests, num_bests, layer):
    """
    ビームサーチ（広がり優先）
    """
    all_empty_flag = True
    bests[layer+1] = []
    for (total_prize, travel_time, total_q, a_path) in bests[layer]:
        i = a_path[-1]
        path = a_path[:]
        vals = []
        for j in G.neighbors(i):
            if j not in path:
                reduced_cost = total_prize + c[i,j] -c[i,source] + c[j,source]- \
                               prize[j]
```

```
                if travel_time + c[i,j] + c[j,source]>Tmax or total_q+q[j]>Q: # 時
   間と容量をcheck
                pass
            else:
                vals.append( (reduced_cost,j) )
        if len(vals)==0:
            #print("empty",i)
            pass
        else:
            all_empty_flag = False
            vals.sort(reverse=False)
            for reduced_cost,j in vals[:width]:
                new_travel_time =  travel_time+c[i,j]
                bests[layer+1].append( (reduced_cost,new_travel_time, total_q+q[j],
   path+[j]) )
    if all_empty_flag:
        return bests

    bests[layer+1].sort(reverse=False)
    bests[layer+1] = bests[layer+1][:num_bests]
    bests = beam_search(bests, num_bests, layer+1)

    return bests
```

```python
# 列生成法: Beam Searchを用いた解法
# 初期ルート（ピストン輸送）生成
cost, route, visit, num_of_routes = generate_routes(V,c,q,Q,LB=1,UB=1,fixed_cost=0)
model = Model("scp-column generation")
V0 = set(V) - {0}
x = {}
for r in cost:
    x[r] = model.addVar(vtype="B", name=f"x[{r}]")
model.update()
constr = {}
for i in V0:
    constr[i] = model.addConstr(quicksum(x[r] for r in route[i]) >= 1, name=f"cover
    ({i})")
#model.addConstr(quicksum(x[r] for r in cost) == m, name="num_of_vehicles") #ここで
    入れると実行不能になるので，列を生成した後に入れる
model.setObjective(quicksum(cost[r] * x[r] for r in cost), GRB.MINIMIZE)
model.Params.OutputFlag = 0
model.update()

while 1:
    relax = model.relax()
    # relax.optimize(solver = PULP_CBC_CMD(mip=False, presolve=False)) #
    mypulpの場合ここを生かす
    relax.optimize()
    dual = {}
```

```
for i, con in enumerate(relax.getConstrs()):
    dual[i + 1] = con.Pi
dual[0] = 0
source = 0
Tmax = 1000000
prize = dual.copy()
#Beam Search
path = [source]
bests = [ (-prize[source], 0, 0, [source]) ]
width = 200
num_bests = 200
bests = {0: [(-prize[source],0,0,[source])] }
bests_ = beam_search(bests, num_bests, 0)
bests =[]
for k in bests_:
    bests.extend( bests_[k] )
bests.sort(reverse=False)

print("min_cost", bests[0])
if bests[0][0]>=-0.000001:
    break
for (total_prize, travel_time, slack, tour) in bests:
    if total_prize>=-0.000001:
        break
    cost_ = travel_time+c[tour[-1],source]
    col = Column()
    for i, cust in enumerate(tour):
        if i != 0:
            col.addTerms(1, constr[cust])
    num_of_routes += 1  # variable index
    visit[num_of_routes] = tour
    x[num_of_routes] = model.addVar(obj=cost_, vtype="B", column=col)
model.update()
print(num_of_routes)
```

```
min_cost (-447.0, 111, 5800, [0, 9, 7, 2, 1, 3, 4, 6, 8])
1430
min_cost (-77.0, 78, 5600, [0, 14, 17, 21, 20, 18, 15])
2614
min_cost (-50.0, 99, 5700, [0, 11, 4, 3, 6, 7, 9, 10])
3501
min_cost (-6.0, 108, 5800, [0, 11, 4, 3, 1, 2, 10])
3514
min_cost (-2.0000000000000036, 84, 5400, [0, 13, 11, 4, 3, 8, 10])
3516
min_cost (-1.5, 97, 5700, [0, 7, 5, 1, 2, 6, 10])
3520
min_cost (0, 0, 0, [0])
```

```
#運搬車の台数を $m$ 台に固定したときの定式化:
model.addConstr(quicksum(x[r] for r in x) == m, name="num_of_vehicles")
model.optimize()

print(model.ObjVal)
edges = []
for r in x:
    if x[r].X > 0.001:
        print(r, x[r].X, visit[r])
        for idx, i in enumerate(visit[r][:-1]):
            edges.append((i, visit[r][idx + 1]))
        edges.append((visit[r][-1], 0))
```

```
367.0
470 1.0 [0, 6, 1, 2, 5, 7, 9]
1489 1.0 [0, 17, 20, 18, 15, 12]
3419 1.0 [0, 14, 21, 19, 16]
3515 1.0 [0, 13, 11, 4, 3, 8, 10]
```

```
G.remove_edges_from(G.edges())
nx.draw(G, pos=pos, with_labels=True, node_color="y")
nx.draw_networkx_edges(G, pos=pos, edgelist=edges, edge_color="blue", width=5);
```

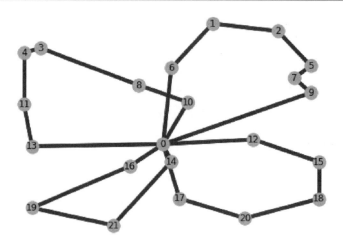

23.9 分割配送計画問題

　デポからの配送もしくは収集だけを考えた配送計画において，荷の分割を考慮する
ことを考える．ただし，荷を分割することは入庫作業の繁雑さを招くため，固定費用
がかかるものとし，さらに，実務においては，荷ごとに分割数の上限が設定される場

合もある.

実務においては, そもそも 1 つの顧客の需要量が, 運搬車の積載容量を超えている場合がある. このような場合には, 荷の分割は必須になる. 最も簡単な方法は, できるだけ積載容量の上限で配送するように分割することである. ただし, これは簡便法であり, 移動費用が三角不等式 ($c_{ik} + c_{kj} \leq c_{ij}$) を満たしていても, 必ずしも最適解になるとは限らない.

特殊な例だが, 最適解にならない例を示しておこう. $Q = 6, n = 7$ で, 顧客 1 の需要が $2Q = 12$ で, 他の顧客の需要が 1 であるとする. 移動費用は, 顧客 1 と他の顧客間が 1, デポ 0 と 1 以外の顧客間が 1 であり, 他はすべて 2 とする. このとき, 積載量の上限で分割するヒューリスティクスの場合には, 顧客 1 へは 2 つの往復ルートで配送をし, 他の 6 つの顧客へは 1 つのルートで巡回するので, 総費用は $4 \times 2 + 2 + 2 \times 5 = 20$ となる. 一方, 最適な分割配送は, 顧客 1 へ 4 ずつ 3 回に分けて運び, ルートは「デポ・他の顧客・顧客 1・他の顧客・デポ」の順とする. この解の費用は $4 \times 3 = 12$ であり, ヒューリスティクスの近似比率は 20/12 となる.

簡単な解析から分かるように, 分割配送の効果が大きいのは, 需要量 q が, 運搬車の容量 Q の半分より少し大きい場合である. 移動費用を無視して, 容量だけを考えた場合にはビンパッキング問題になるので, ビンパッキング問題の最適値が, 分割配送をした場合の運搬車台数

$$\left\lceil \sum_i q_i/Q \right\rceil$$

と比べて, 大きい場合には分割配送が有利になる. たとえば, 100 の顧客が同じ位置にいて, 需要量 q がすべて 51, 容量が 100 の場合には, ビンパッキング問題の最適値 (すべてピストン輸送に相当) は 100 になるが, 分割配送をすれば 2 つの顧客を巡回するルートと, すべてのルートを一巡するルートになるので, 51 台の運搬車で処理できる.

荷を分割して配送するのが有利になるのは, 荷量が比較的大きい場合であると想定される. このような場合には, 運搬車が経由する顧客数は, 比較的少ないので, ルートをあらかじめ生成しておく方法 (ルート生成法) が有効になる.

集合:

- R: デポから出発した運搬車は, 幾つかの荷を運び, 再びデポに戻るものとする. これをルートとよぶ. ここでは, あらかじめ良いルートの候補を列挙しておくものとし, ルートの集合を R とする
- V_0: 顧客の集合

パラメータ:

- C_r: ルート $r(\in R)$ を使用したときにかかる費用（移動費用と固定費用の和）

変数:

- x_r: ルート r が最適ルートに含まれるとき 1，それ以外のとき 0 を表す 0-1 変数
- y_{ir}: 顧客 i の需要をルート r の運搬車によって運んだ量を表す実数変数

上の記号を用いると，定式化は以下のように書ける．

$$
\begin{aligned}
minimize \quad & \sum_{r \in R} C_r x_r \\
s.t. \quad & \sum_{r \in R} a_{ir} x_r \geq 1 & i \in V_0 \\
& \sum_{r \in R} y_{ir} = q_i & i \in V_0 \\
& y_{ir} \leq q_i x_r & i \in V_0, r \in R \\
& \sum_{i} y_{ir} \leq Q x_r & r \in R \\
& y_{ir} \geq 0 & i, r \in R \\
& x_r \in \{0, 1\} & r \in R
\end{aligned}
$$

上の定式化では，顧客を巡回しても，何も運ばないという解が出る可能性がある．そのような場合には，何も運ばない顧客をルートから除くことによって，より効率的な解に変換することができる．

```
#ランダムな問題例の生成
random.seed(1)
n = 50
xx = dict([(i, 100 * random.random()) for i in range(n)])
yy = dict([(i, 100 * random.random()) for i in range(n)])
G = nx.Graph()
pos = {}
for i in range(n):
    pos[i] = xx[i], yy[i]
    G.add_node(i)
V = G.nodes()
c, q = {}, {}
Q = 100
for i in V:
    q[i] = random.randint(15, 65)
    for j in V:
        c[i, j] = distance(xx[i], yy[i], xx[j], yy[j])
        G.add_edge(i,j)
q[0] = 0

# Qを超えている部分集合も列挙
route = {}
for i in V0:
    route[i] = []
cost = {}
```

```
visit = {}
r = 0
LB = 1
UB = 2
for n in range(LB, UB + 1):
    for S in findsubsets(V0, n):
        SS = list(S)
        SS.insert(0, 0)
        opt_val, tour = tsp.tspdp(len(SS), c, SS)
        cost[r] = opt_val + fixed_cost
        visit[r] = tour
        for i in tour[1:-1]:
            route[i].append(r)
        r += 1
# すべての点を通過するルート（ガーベッジコレクション）を追加
cc = {(i, j): int(c[i, j] * 10000) for (i, j) in c}
opt_val, tour, G = tsp.tsplk(len(V), cc)
cost[r] = opt_val / 10000
visit[r] = tour
for i in tour[1:-1]:
    route[i].append(r)
r += 1
print("Number of routes=",r)
```

```
Number of routes= 1226
```

```
model = Model("svrp")
x, y = {}, {}
for r in cost:
    x[r] = model.addVar(vtype="B", name=f"x[{r}]")
    for i in V0:
        y[i, r] = model.addVar(vtype="C", name=f"y[{i},{r}]")
model.update()
customer_constr = {}
for i in V0:
    customer_constr[i] = model.addConstr(
        quicksum(x[r] for r in route[i]) >= 1, name=f"Customer[{i}]"
    )
demand_constr = {}
for i in V0:
    demand_constr[i] = model.addConstr(
        quicksum(y[i, r] for r in route[i]) == q[i], name=f"Demand[{i}]"
    )

for i in V0:
    for r in route[i]:
        model.addConstr(y[i, r] <= q[i] * x[r])

for r in x:
```

```
    model.addConstr(quicksum(y[i, r] for i in visit[r][1:-1]) <= Q * x[r])

model.setObjective(quicksum(cost[r] * x[r] for r in cost), GRB.MINIMIZE)

model.optimize()

print(model.ObjVal)
```

```
... (略) ...

Cutting planes:
  MIR: 3
  Flow cover: 2
  Zero half: 1
  RLT: 2

Explored 1 nodes (2871 simplex iterations) in 0.20 seconds
Thread count was 16 (of 16 available processors)

Solution count 4: 2876.3 3001.83 3316.18 8381.23

Optimal solution found (tolerance 1.00e-04)
Best objective 2.876297737022e+03, best bound 2.876297737022e+03, gap 0.0000%
2876.2977370216418
```

何も運ばない顧客をルートから顧客を除く.

```
changed = set([])
for i in V0:
    for r in route[i]:
        if x[r].X > 0.001 and y[i, r].X <= 0.001:
            print("delete", i, "from", r)
            visit[r].remove(i)
            changed.add(r)
for r in changed:
    opt_val, tour = tspdp(len(visit[r]), c, list(visit[r]))
    cost[r] = opt_val
    visit[r] = tour
```

解を描画する.

```
edges = []
for r in x:
    if x[r].X > 0.001:
        #print(r, cost[r], x[r].X, visit[r])
        for idx, i in enumerate(visit[r][:-1]):
            edges.append((i, visit[r][idx + 1]))
        edges.append((visit[r][-1], 0))
nx.draw(G, pos=pos, with_labels=True, node_color="y")
```

```
nx.draw_networkx_edges(G, pos=pos, edgelist=edges, edge_color="blue", width=1);
```

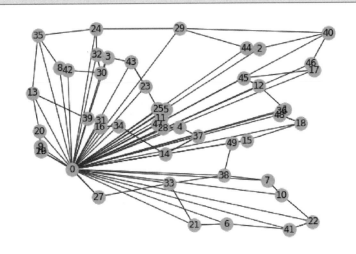

■ 23.9.1　分割配送計画問題の別の定式化

　実務においては，需要の分割数の上限を設定したいことがある．ここでは，そのような場合の定式化を示す．

集合:

- L: デポから顧客への輸送の要求を荷とよぶ．荷の集合を L と定義する
- R: デポから出発した運搬車は，幾つかの荷を運び，再びデポに戻るものとする．これをルートとよぶ．ここでは，あらかじめ良いルートの候補を列挙しておくものとし，ルートの集合を R とする
- L_r: ルートによって運ぶことができる荷の集合を，ルート内の荷の集合とよぶ．ルート $r (\in R)$ 内の荷の集合を L_r と記す

パラメータ:

- C_r: ルート $r (\in R)$ を使用したときにかかる費用
- F_ℓ: 荷 $\ell (\in L)$ の荷受け作業に要する費用．F_ℓ は分割に対するペナルティを表すので，F_ℓ が大きいほど，荷を分割しない解を得ることができる
- U_ℓ: 荷 $\ell (\in L)$ の訪問回数の上限．たとえば，$U_\ell = 1$ の場合には，高々 1 回の訪問を許すので，荷の分割はできないことを表し，$U_\ell = 2$ の場合には，荷の分割を 1 回だけ許すことを表す
- D_ℓ: 荷 $\ell (\in L)$ の運ぶ量（需要量）
- M_r: ルート $r (\in R)$ に対応する運搬車の積載重量の上限．ルート（に割り振られた）

運搬車の容量を表す

変数:

- $x_{\ell r}$: 荷 $\ell(\in L)$ をルート $r(\in R)$ によって運んだ量を表す実数変数
- $y_{\ell r}$: 荷 $\ell(\in L)$ をルート $r(\in R)$ によって運んだとき 1，それ以外のとき 0 を表す 0-1 変数
- z_r: ルート $r(\in R)$ を使用したとき 1，それ以外のとき 0 を表す 0-1 変数

上の記号を用いると，定式化は以下のように書ける．

$$\text{minimize} \quad \sum_{r \in R} C_r z_r + \sum_{r \in R} \sum_{\ell \in L_r} F_{\ell r} y_{\ell r}$$

$$\text{s.t.} \quad \sum_{r \in R: \ell \in L_r} x_{\ell r} = D_\ell \qquad \ell \in L$$

$$x_{\ell r} \leq \min\{D_\ell, M_r\} y_{\ell r} \qquad \ell \in L_r, r \in R$$

$$\sum_{r \in R: \ell \in L_r} y_{\ell r} \leq U_\ell \qquad \ell \in L$$

$$\sum_{\ell \in L_r} x_{\ell r} \leq M_r z_r \qquad r \in R$$

$$x_{\ell r} \geq 0 \qquad \ell \in L_r, r \in R$$

$$y_{\ell r} \in \{0, 1\} \qquad \ell \in L_r, r \in R$$

$$z_r \in \{0, 1\} \qquad r \in R$$

23.10 巡回セールスマン型配送計画問題 （ルート先・クラスター後法）

　ルート先・クラスター後法（route-first/cluster-second method）とは，はじめにすべての点（顧客およびデポ）を通過する巡回路を（たとえば巡回セールスマン問題を解くことによって）作成し，その後でそれをクラスターに分けることによって運搬車のルートを生成する解法の総称である．

　積載量制約付きの配送計画問題に対して，すべての点を通過する巡回路を，その巡回路の順番を崩さないように「最適」に分割する方法ができる．

　点（顧客およびデポ）の集合 N をちょうど 1 回ずつ通過する巡回路を表す順列を ρ とする．$\rho(i)$ は i 番目に通過する点の番号であり，$\rho(0)$ はデポ (0) である．C_{ij} を $\sum_{k=i+1}^{j} q_{\rho(k)} \leq Q$ のとき $i+1$ 番目から j 番目の顧客を ρ で定義される順に経由したときのルートの費用とし，それ以外のとき ∞ と定義する．すなわち

$$C_{ij} = \begin{cases} \text{ルート}(0, \rho(i+1), \cdots, \rho(j), 0) \text{の費用} & \sum_{k=i+1}^{j} q_{\rho(k)} \leq Q \text{ のとき} \\ \infty & \text{それ以外} \end{cases}$$

である．

C_{ij} を枝の費用としたとき，点 0 から $n = |N|$ までの（有向閉路をもたないグラフ上での）最短路は，動的最適化で計算できる．最短路に対応する巡回路 ρ が，最適な分割になる．

j 番目の点までの最適値を F_j とする．$F_0 = 0$ の初期条件の下で，以下の再帰方程式によって最適値を得ることができる．

$$F_j = \min\{F_i + C_{ij}\} \quad j = 1, 2, \ldots, n$$

```
cost = {
    (0, 1): 20,
    (0, 2): 25,
    (0, 3): 30,
    (0, 4): 40,
    (0, 5): 35,
    (1, 2): 10,
    (2, 3): 30,
    (3, 4): 25,
    (4, 5): 15,
    (1, 0): 20,
    (2, 0): 25,
    (3, 0): 30,
    (4, 0): 40,
    (5, 0): 35,
}
demand = {1: 5, 2: 4, 3: 4, 4: 2, 5: 7}
Q = 10
n = len(demand)

V = defaultdict(lambda: np.inf)
prev = defaultdict(int)
V[0] = 0
for i in range(1, n + 1):
    c = V[i - 1] + cost[0, i]
    q = demand[i]
    if c + cost[i, 0] < V[i]:
        V[i] = c + cost[i, 0]
        prev[i] = i - 1
    for j in range(i + 1, n + 1):
        c += cost[j - 1, j]
        q += demand[j]
        if q > Q:
            break
        if c + cost[j, 0] < V[j]:
            V[j] = c + cost[j, 0]
            prev[j] = i - 1
```

```
G = nx.DiGraph()
```

```
G.add_nodes_from(list(range(n + 1)))
now = n
while now > 0:
    p = prev[now]
    G.add_edge(0, p + 1)
    for i in range(p + 1, now):
        G.add_edge(i, i + 1)
    G.add_edge(now, 0)
    now = p
pos = nx.circular_layout(G)
nx.draw(G, pos=pos, node_size=1000, with_labels=True, node_color="yellow")
plt.show()
```

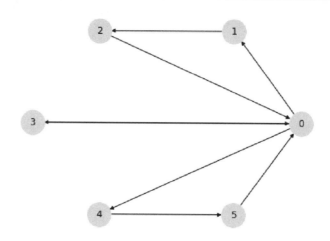

23.11 空間充填曲線法

　ここで述べる**空間充填曲線法**（spacefilling curve method）もルート先・クラスター後法の一種であるが，手軽に利用できるという利点をもつ.

　基本となるのは直線を平面全体に移す曲線（空間充填曲線: spacefilling curve，怪物曲線: monster curve）である.

- 配送先の x, y 座標を地図から読みとる.
- 各地点（デポを含む）ごとに空間充填曲線上での位置（逆写像）θ の値を計算する.
- θ の値を小さい順に並べる.
- デポから順番に配送先を回り運搬車の容量を超えたらデポに戻る.

　より簡便な方法としては x, y, θ を記入した顧客カード（名刺大の厚紙）を θ の小さい順に箱（日本ではあまり見かけないが，ローロデックスボックスとよばれる名刺入

れが最適である）に入れておき，ほぼ均等になるように運搬車台数分に分割して運転
手に渡せば良い．運転手は渡されたカードの順番に配送先を巡回すれば計算機を使わ
ずに比較的良いルートを見つけることができる．

空間充填曲線上の値を計算する関数 sfc を以下に示す．

引数:

• x: x 座標

• y: y 座標

• maxInput: 座標の最大値（最小値は 0 と仮定）．既定値は 100

返値:

• 空間充填曲線（シェルピンスキー曲線）上の値

```
def sfc(x, y, maxInput=100):
    INC = 1
    loopIndex = maxInput
    result = 0
    if x > y:
        result += INC
        x = maxInput - x
        y = maxInput - y

    while loopIndex > 0:
        result = result + result
        if x + y > maxInput:
            result += INC
            x, y = maxInput - y, x
        x = x + x
        y = y + y
        result = result + result
        if y > maxInput:
            result += INC
            x, y = y - maxInput, maxInput - x
        loopIndex = int(loopIndex / 2)
    return result
```

■ 23.11.1 空間充填曲線法による巡回セールスマン問題の求解

上の関数を使うと，巡回セールスマン問題の近似解が高速に求まる．計算時間は，
点数を n としたとき $O(n \log n)$ である．その後で，ルート先・クラスター後法を行え
ば，配送計画問題の近似解を得ることができる．

```
random.seed(12)
n = 100
x = {i: 100 * random.random() for i in range(1,n+1)}
y = {i: 100 * random.random() for i in range(1,n+1)}
```

```
x[0], y[0] = 50, 50 #depot

theta = []
for i in range(n+1):
    theta.append((sfc(x[i], y[i]), i))
theta.sort()
tour = []
for _, i in theta:
    tour.append(i)
```

```
G = nx.Graph()
for idx, i in enumerate(tour[:-1]):
    G.add_edge(i, tour[idx + 1])
G.add_edge(tour[-1], tour[0])
pos = {i: (x[i], y[i]) for i in range(n+1)}
nx.draw(G, pos=pos, node_size=1000 / n + 10, with_labels=False, node_color="blue")
plt.show()
```

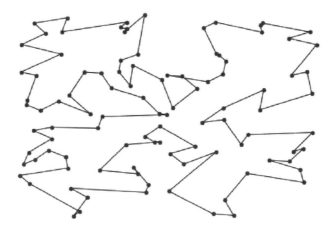

上の空間充填曲線法で得た順回路に対して，ルート先・クラスター後法を適用する．

```
demand = {i:random.randint(1,10) for i in range(1,n+1) }
cost = { (i,j): distance(x[i], y[i], x[j], y[j])  for i in range(n+1) for j in ↵
    range(n+1) }
Q = 50
V = defaultdict(lambda: np.inf)
prev = defaultdict(int)
V[0] = 0
#0(depot)を最初にした巡回順tour0を求める
idx = tour.index(0)
tour0 = tour[idx:] + tour[:idx]
for i in range(1,n+1):
    cust_i = tour0[i]
```

```
    c = V[i - 1] + cost[0, cust_i]
    q = demand[cust_i]
    if c + cost[cust_i, 0] < V[i]:
        V[i] = c + cost[cust_i, 0]
        prev[i] = i - 1
    for j in range(i + 1, n + 1):
        cust_j = tour0[j]
        c += cost[tour0[j - 1], cust_j]
        q += demand[cust_j]
        if q > Q:
            break
        if c + cost[cust_j, 0] < V[j]:
            V[j] = c + cost[cust_j, 0]
            prev[j] = i - 1
```

```
G = nx.Graph()
G.add_nodes_from(list(range(n + 1)))
now = n
while now > 0:
    p = prev[now]
    G.add_edge(0, tour0[p + 1])
    for i in range(p + 1, now):
        G.add_edge(tour0[i], tour0[i + 1])
    G.add_edge(tour0[now], 0)
    now = p
pos = {i: (x[i], y[i]) for i in range(n+1)}
nx.draw(G, pos=pos, node_size=1000 / n + 10, with_labels=False, node_color="blue")
plt.show()
```

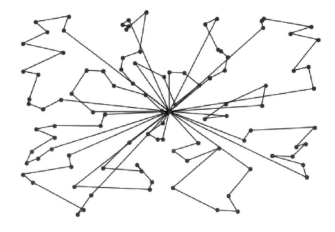

23.12 運搬車スケジューリング問題

配送計画問題が運搬車経路問題（vehicle routing problem）とよばれるのに対して，ここでは運搬車のスケジューリングを考える．「スケジューリング」は，時間に焦点を当てたモデリングを行うことを意味する．特に，顧客の訪問時刻が，決められた時刻である場合は，時刻が決められていない（もしくは時間枠として与えられている）配送計画問題と比べて，自由度が減るので，求解が容易になる．

運搬車の台数を最小にする問題は，乗務員スケジューリングの制約なし版とも考えられる．

- n: タスクの数
- s_i, f_i: タスク i の開始時刻と終了時刻
- x_{ij}: タスク i の直後にタスク j を処理したとき 1，それ以外のとき 0

タスクを点，タスク間の移動を枝としたネットワーク D を作る．また，ダミーの始点 0 と終点 $n+1$ を追加しておく．このグラフは閉路をもたない有向グラフである．

$$minimize \quad \sum_{i,j} x_{0j}$$
$$s.t. \quad \sum_{j} x_{ji} = \sum_{j} x_{ij} \quad \forall i = 1, 2, \ldots, n$$
$$\sum_{j} x_{ij} = 1 \quad \forall i = 1, 2, \ldots, n$$

このように発着時刻の指定がついている場合には，どのタスクの次にどのタスクの処理が可能であるかを表すグラフを作成する．以下の例では，A, B, C, D, E の 5 つのタスクとデポ（とそのコピー）からなる点集合を生成する．タスク i の着時刻に，タスク i から j への移動時間を加えたものが，タスク j の発時刻以下であるとき，タスク i の後にタスク j が処理可能であるとよび，タスク i を表す点から，タスク j を表す点へ枝をはる．また，デポを表す始点（例題では点 6 と仮定する）から，各タスクを表す点に枝をはり，同様に，各タスクを表す点から終点を表す点のコピーへ枝をはる．

```
D = nx.DiGraph()
D.add_edges_from(
    [("A", "C"), ("A", "D"), ("A", "E"), ("B", "C"),
     ("B", "D"), ("B", "E"), ("C", "E")]
)
```

このグラフ上で，始点から終点への独立パス（同じ点を通過しないパス）で，すべての点を被覆する（すべてのタスクを表す点をちょうど 1 回ずつ通過する）ものを求める．実は，最小のパスの本数（運搬車の台数）は，Dilworth の定理とよばれるグラフ

理論の結果から，同時に処理できないタスクの最大値と一致することが知られている．

　この点を被覆する最小本数の独立パスを求める問題は，マッチング問題を用いて解くことができる．まず，タスクを表す点 i を無向枝 (i^L, i^R) に変換する．さらに，もとのグラフで i, j の枝があるとき (i^R, j^L) の枝をはる．このグラフ上で最大（位数）マッチングを求める．マッチングに含まれる枝が，元のグラフでのパスに含まれる枝に対応する．各タスクを 1 台の運搬車で処理する場合と比べて，マッチングの位数 m 分だけ台数が減るので，最小のパス（運搬車）の数は $n - m$ になる．

　この例では，同時に処理できないタスクの最大値は 2 なので，2 本の独立パスが存在する．これは，2 台の運搬車で巡回するのが最適であることを示している．

　タスク間に移動費用が定義されている場合も同様であり，マッチングのかわりに重み付きマッチングを求めれば良い．

　なお，複数デポだと NP-困難になる．

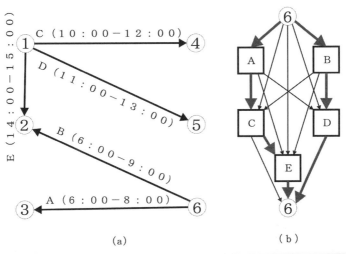

(a) 　　　　　　　　　(b)

```
G = nx.Graph()
left = []
pos = {}
for idx, i in enumerate(D.nodes()):
    G.add_node(str(i) + "L")
    pos[str(i) + "L"] = 0, idx
    left.append(str(i) + "L")
    G.add_node(str(i) + "R")
    pos[str(i) + "R"] = 1, idx
for (i, j) in D.edges():
    G.add_edge(str(i) + "R", str(j) + "L")
```

```
matching = nx.algorithms.matching.max_weight_matching(G, maxcardinality=True)
plt.figure()
nx.draw(G, pos=pos, node_size=300, with_labels=True, node_color="yellow")
nx.draw_networkx_edges(G, pos=pos, edgelist=list(matching), edge_color="red", width↵
    =2)
plt.show()
```

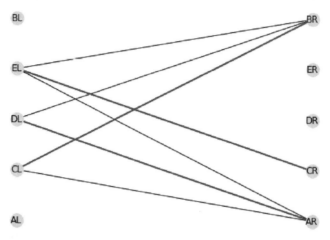

```
edges = []
for m in matching:
    (i, j) = m
    if i[-1] == "R":
        edges.append((i[:-1], j[:-1]))
    else:
        edges.append((j[:-1], i[:-1]))
plt.figure()
pos = nx.circular_layout(D)
nx.draw(D, pos=pos, node_size=100, with_labels=True, node_color="yellow")
nx.draw_networkx_edges(D, pos=pos, edgelist=edges, edge_color="red", width=2)
plt.show()
```

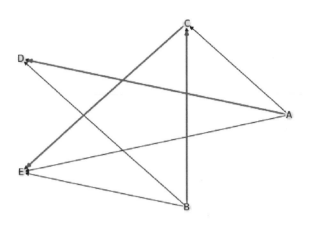

■ 23.12.1 会議室割当問題への応用

時間帯があたえられた会議を，最小の部屋数で割り振る問題も同じ構造をもっている．これは，https://amplify.fixstars.com/demo で 8 つの部屋に割り振る例題として使われていたが，最適値は，以下に示すように 5 である．

```
schedules = {
    "meeting1": ["10:00", "13:00"],
    "meeting2": ["10:00", "12:00"],
    "meeting3": ["10:00", "11:00"],
    "meeting4": ["11:00", "13:00"],
    "meeting5": ["11:00", "12:00"],
    "meeting6": ["11:00", "15:00"],
    "meeting7": ["12:00", "16:00"],
    "meeting8": ["12:00", "15:00"],
    "meeting9": ["13:00", "15:00"],
    "meeting10": ["13:00", "14:00"],
    "meeting11": ["14:00", "17:00"],
    "meeting12": ["15:00", "19:00"],
    "meeting13": ["15:00", "17:00"],
    "meeting14": ["15:00", "16:00"],
    "meeting15": ["16:00", "18:00"],
    "meeting16": ["16:00", "18:00"],
    "meeting17": ["17:00", "19:00"],
    "meeting18": ["17:00", "18:00"],
    "meeting19": ["18:00", "19:00"],
}
# 会議の数
Nm = len(schedules)
# 会議室の数
```

```
Nr = 8
# 時刻を時間単位の数値に変換
def time2num(time: str):
    h, m = map(float, time.split(":"))
    return h + m / 60
```

```
st, fi = {}, {}
for i, m in enumerate(schedules):
    st[i], fi[i] = time2num(schedules[m][0]), time2num(schedules[m][1])
```

```
D = nx.DiGraph()
for i in range(Nm):
    D.add_node(str(i))
for i in st:
    for j in st:
        if fi[i] <= st[j]:
            D.add_edge(str(i), str(j))
```

```
G = nx.Graph()
for i in D.nodes():
    G.add_node(str(i) + "L")
    G.add_node(str(i) + "R")
for (i, j) in D.edges():
    G.add_edge(str(i) + "R", str(j) + "L")

matching = nx.algorithms.matching.max_weight_matching(G, maxcardinality=True)
edges = []
for m in matching:
    (i, j) = m
    if i[-1] == "R":
        edges.append((i[:-1], j[:-1]))
    else:
        edges.append((j[:-1], i[:-1]))
plt.figure()
pos = nx.circular_layout(D)
nx.draw(D, pos=pos, node_size=100, with_labels=True, node_color="yellow", width↩
    =0.3)
nx.draw_networkx_edges(D, pos=pos, edgelist=edges, edge_color="red", width=3)
plt.show()
```

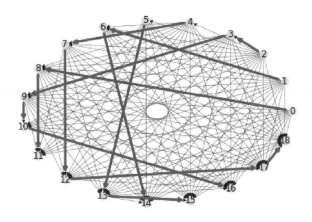

```
# 可視化の準備
D = nx.DiGraph()
D.add_edges_from(edges)

first_nodes = []
for i in D.in_degree():
    # print(i)
    if i[1] == 0:
        first_nodes.append(i[0])

paths = []
for i in first_nodes:
    path = [i]
    while True:
        succ = list(D.successors(i))
        if len(succ) == 0:
            break
        j = succ[0]
        path.append(j)
        i = j
    paths.append(path)
room_assignment = []
for i, path in enumerate(paths):
    for j in path:
        room_assignment.append((int(j), i))
num_rooms = len(paths)
```

```
# 会議室の可視化
mtg_names = list(schedules.keys())
room_names = ["Room " + chr(65 + i) for i in range(num_rooms)]
```

```
cmap = plt.get_cmap("coolwarm", num_rooms)
colors = [cmap(i) for i in range(num_rooms)]

fig, ax1 = plt.subplots(nrows=1, ncols=1, figsize=(15, 10))
for mtg_idx, room in room_assignment:
    mtg_name = mtg_names[mtg_idx]
    start = time2num(schedules[mtg_name][0])
    end = time2num(schedules[mtg_name][1])

    plt.fill_between(
        [room + 0.55, room + 1.45],
        [start, start],
        [end, end],
        edgecolor="black",
        linewidth=3.0,
        facecolor=colors[room],
    )
    plt.text(
        room + 0.6, start + 0.1, f"{schedules[mtg_name][0]}", va="top", fontsize=10
    )
    plt.text(
        room + 1.0, (start + end) * 0.5, mtg_name, ha="center", va="center", ↩
    fontsize=15
    )
ax1.yaxis.grid()
ax1.set_xlim(0.5, len(room_names) + 0.5)
ax1.set_ylim(19.1, 7.9)
ax1.set_xticks(range(1, len(room_names) + 1))
ax1.set_xticklabels(room_names)
ax1.set_ylabel("Time")

ax2 = ax1.twiny().twinx()
ax2.set_xlim(ax1.get_xlim())
ax2.set_ylim(ax1.get_ylim())
ax2.set_xticks(ax1.get_xticks())
ax2.set_xticklabels(room_names)
ax2.set_ylabel("Time")

plt.show()
```

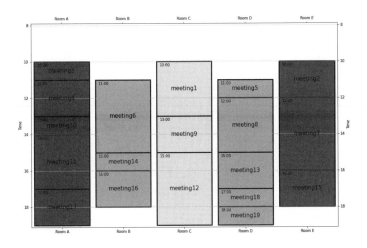

23.13 積み込み・積み降ろし型配送計画問題

古典的な配送計画問題においては，単一のデポ（配送拠点）から顧客への配送，もしくは顧客からデポへの収集のいずれかを仮定していた．自然な拡張として，デポから顧客，顧客からデポへの荷の移動を同時に考慮することがあげられる．

さらなる拡張として，デポ以外の地点で積み込み，デポ以外の別の地点で積み降ろしをする荷の輸送も考えられる．これを考慮した問題を**積み込み・積み降ろし型配送計画問題**（pickup-delivery vehicle routing problem）とよぶ．積み込み地点から積み降ろし地点までの輸送が直送のみの場合には，空輸送最小化問題になるが，直送でない場合には問題は複雑になる．

実際問題においては，荷の積み合わせや運搬車のタイプ（横開きのウィング型か否か）を考慮したり，**乗り合いタクシー問題** (dial-a-ride routing problem) への応用の場合には，積み込みから積み降ろしまでの経過時間なども考慮する必要が出てくる．

23.14 複数デポ配送計画問題

実際問題においては，複数のデポを考慮する必要がある場合が多い．より一般的には，各運搬車の出発地点と到着地点を与えて，デポの概念を取り除いたモデルも可能である．

その他にも，法定の休憩時間の確保，入庫不能な運搬車と顧客の組合せ，複数次元の需要と容量など，実務では様々な条件が付加される．

すべての条件を考慮することは難しいが，以下の諸制約を考慮した配送最適化システムとして METRO（`https://www.logopt.com/metro/`）が開発されている.

- 複数時間枠制約付き
- 多次元容量非等質運搬車
- 配達・集荷
- 積み込み・積み降ろし
- 複数休憩条件付き
- スキル条件付き
- 優先度付き
- パス型許容
- 複数デポ（運搬車ごとの出発・到着地点）

24 Euler 閉路問題

- Euler 閉路問題とその変形

24.1 準備

```
import random
import math
from collections import defaultdict
from gurobipy import Model, quicksum, GRB
# from mypulp import Model, quicksum, GRB
import networkx as nx
import matplotlib.pyplot as plt
```

24.2 枝巡回問題

配送計画問題や巡回セールスマン問題が点を巡回するのに対して，枝を巡回するタイプの問題を**枝巡回問題**（arc routing problem）とよぶ．この問題は，郵便配達人，除雪車や撒水車の巡回順決定問題への応用をもつ．

与えられた無向グラフのすべての枝をちょうど 1 回ずつ経由して，出発点に戻る閉路は，Euler 閉路とよばれる．グラフが Euler 閉路をもつための必要十分条件は，点の次数がすべて偶数であることである．

```
G = nx.grid_2d_graph(3, 4)
nx.draw_spectral(
    G, with_labels=True, node_color="w", node_size=1000, edge_color="g", width=10
)
plt.show()
```

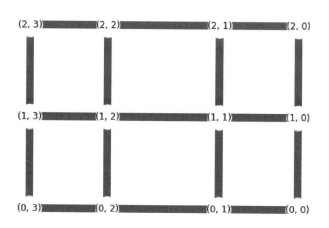

24.3 中国郵便配達人問題

枝巡回問題において，積載量制約がなく，枝が無向かつ連結な場合には，**中国郵便配達人問題**（Chinese postman problem）とよばれる．この問題は，中国人の数学者 Mei-Gu Kwan（管 梅谷）によってはじめて考えられた問題である．

枝上に費用をもつ一般の無向グラフを，Euler 閉路をもつように最小費用で枝を追加することを考える．無向グラフが Euler 閉路もつためには，点の次数が偶数である必要があった．次数が奇数の点集合に対して，点間の最短路の費用をもつ枝をはったグラフを作り，それに対して最小費用のマッチングを求める．マッチングに対応するパスを，元のグラフに追加することによって，点の次数はすべて偶数になるので，Euler 閉路は簡単に求めることができる．

networkX には，上のアルゴリズムがある．Euler 閉路をもつように枝が追加されたグラフは，eulerize 関数で計算できる．

```
NewG = nx.eulerize(G)
```

```
print("Eulerian?", nx.is_eulerian(NewG))
D = nx.MultiDiGraph()
for e in nx.eulerian_circuit(NewG):
    D.add_edge(e[0], e[1])
    print(e[0],"=>" ,end="")
print(e[1])
```

```
Eulerian? True
```

```
(0, 0) =>(0, 1) =>(0, 2) =>(0, 3) =>(1, 3) =>(1, 2) =>(1, 3) =>(2, 3) =>(2, 2) ↵
=>(2, 1) =>(2, 2) =>(1, 2) =>(1, 1) =>(1, 0) =>(1, 1) =>(1, 2) =>(0, 2) =>(0, 1) ↵
=>(1, 1) =>(2, 1) =>(2, 0) =>(1, 0) =>(0, 0)
```

```
nx.draw_spectral(D, with_labels=True, node_size=1000, edge_color="g", width=1)
```

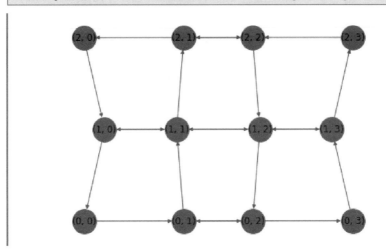

24.4 田舎の郵便配達人問題と容量制約付き枝巡回問題

一方, 通過すべき枝が連結でない場合は, **田舎の郵便配達人問題** (rural postman problem) とよばれ, NP-困難であることが示されている.

枝上に需要量が定義され, 運搬車に積載量上限がある場合には, **容量制約付き枝巡回問題** (capacitated arc routing problem) になる. これも NP-困難である.

両者とも, 枝の上にダミーの点をおくことによって, 通常の順回路問題に帰着できる.

24.5 空輸送最小化問題

いま, 荷が発地から着地まで積み替えることなしに運ばれるものとする.

直送される荷を, 1台の運搬車によって運ぶとき, 運搬車が余分な距離を走らないようにするためには, 荷物を運ばないで移動している, いわゆる空輸送を最小化すれば良い.

これは, Euler 閉路を求めることに他ならない. 有向グラフが (有向の) Euler 閉路をもつためには, グラフの各点の入次数 (点に入ってくる枝の本数) と出次数 (点から出て行く枝の本数) が一致していれば良い. すなわち, 空輸送の最小化は, なるべ

く少ない（総費用が小さい）枝を追加してグラフの入次数と出次数が一致するようにする問題に帰着される．

これは，出次数から入次数を減じた量を需要量（負の量は供給量）とした輸送問題を解くことに他ならない．輸送問題は，最小費用流問題に帰着できるので，networkXで容易に求解できる．

例として，2 つのデポから 10 の顧客への直送の問題をランダムに生成する．

```python
random.seed(1)
def distance(x1, y1, x2, y2):
    """distance: euclidean distance between (x1,y1) and (x2,y2)"""
    return int(math.sqrt((x2 - x1) ** 2 + (y2 - y1) ** 2))

# ランダムに顧客を配置
n = 10
x = dict([(i, 100 * random.random()) for i in range(n)])
y = dict([(i, 100 * random.random()) for i in range(n)])

# 両端の中央にデポを配置
n_depots = 2
x.update({n: 0, n + 1: 100})
y.update({n: 50, n + 1: 50})
N = n + n_depots

pos = {}
# 複数の輸送要求がある場合には MultiDiGraph を用いる
G = nx.DiGraph()
for i in range(N):
    G.add_node(i)
    pos[i] = (x[i], y[i])

c = {}
for i in range(N):
    for j in range(N):
        if j != i:
            c[i, j] = distance(x[i], y[i], x[j], y[j])

# 遠いデポからのみ輸送を定義
for i in range(n):
    max_ = -1
    max_depot = -1
    for j in range(n, N):
        if max_ < c[i, j]:
            max_ = c[i, j]
            max_depot = j
    G.add_edge(max_depot, i)

plt.figure()
nx.draw(G, pos=pos, node_size=300, with_labels=True, node_color="yellow")
```

```
plt.show()
```

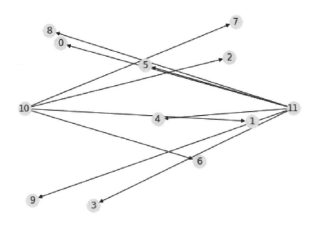

　次に，各点の出次数と入次数の差を計算し，networkX のネットワーク単体法 network_simplex で最小費用流問題を解き，得られた枝を追加する．これによって，各点の入次数と出次数が一致し，Euler 閉路を求めることができる．

```
B = nx.DiGraph()
for i in range(N):
    B.add_node(i, demand=G.out_degree(i) - G.in_degree(i))
for i in range(n):
    for j in range(n, N):
        B.add_edge(i, j, weight=c[i, j])
cost, flow = nx.network_simplex(B)
G2 = G.copy()
for i in flow:
    for j in flow[i]:
        if flow[i][j] == 1:  # 複数の輸送がある場合には，並列枝を追加
            G2.add_edge(i, j)
nx.draw(G2, pos=pos, node_size=300, with_labels=True, node_color="yellow")
```

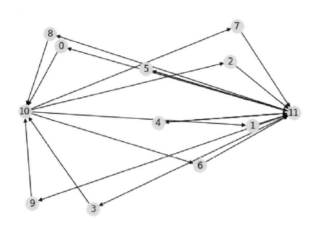

```
for i in nx.eulerian_circuit(G2, source=n):
    print(i)
```

```
(10, 7)
(7, 11)
(11, 9)
(9, 10)
(10, 6)
(6, 11)
(11, 5)
(5, 11)
(11, 4)
(4, 11)
(11, 8)
(8, 10)
(10, 2)
(2, 11)
(11, 3)
(3, 10)
(10, 1)
(1, 11)
(11, 0)
(0, 10)
```

　実際には，1台の運搬車ですべての荷を運ぶことは時間的に難しい．以下では，上
で生成したグラフの単純閉路をすべて列挙し，すべての荷が運べるように最小費用の
閉路を選ぶことによって，現実的な解を得る．これは，集合分割アプローチを適用し
たことに他ならない．

```
# set partitioning approach for determine the "best" tours
```

```
Cycles = defaultdict(list)  # 枝をキー，枝を含む閉路のリストを値とした辞書
Cost = defaultdict(int)  # 閉路の費用
for cycle in nx.simple_cycles(G2):
    total = 0
    for idx, i in enumerate(cycle[:-1]):
        edge = i, cycle[idx + 1]
        total += c[edge]
        if edge in G.edges():
            Cycles[edge].append(cycle)
    edge = cycle[-1], cycle[0]
    total += c[edge]
    if edge in G.edges():
        Cycles[edge].append(cycle)
    Cost[tuple(cycle)] = total
Cost
```

```
defaultdict(int,
            {(0, 10, 7, 11): 267,
             (0, 10, 6, 11): 242,
             (0, 10, 2, 11): 243,
             (0, 10, 1, 11): 229,
             (1, 11, 9, 10): 255,
             (1, 11, 8, 10): 241,
             (1, 11, 3, 10): 245,
             (2, 11, 9, 10): 269,
             (2, 11, 8, 10): 255,
             (2, 11, 3, 10): 259,
             (3, 10, 7, 11): 283,
             (3, 10, 6, 11): 258,
             (4, 11): 100,
             (5, 11): 118,
             (6, 11, 9, 10): 268,
             (6, 11, 8, 10): 254,
             (7, 11, 9, 10): 293,
             (7, 11, 8, 10): 279})
```

```
model = Model()
x = {}
for cycle in Cost:
    x[cycle] = model.addVar(vtype="B", name=f"Cost[{cycle}]")
model.update()
for edge in Cycles:
    model.addConstr(quicksum(x[tuple(cycle)] for cycle in Cycles[edge]) == 1)
model.setObjective(quicksum(Cost[cycle] for cycle in Cost), GRB.MINIMIZE)
model.optimize()
for cycle in x:
    if x[cycle].X > 0.1:
        print(cycle, x[cycle].X, Cost[cycle])
```

... (略) ...

Explored 0 nodes (0 simplex iterations) in 0.00 seconds
Thread count was 1 (of 16 available processors)

Solution count 1: 4358

Optimal solution found (tolerance 1.00e-04)
Best objective 4.358000000000e+03, best bound 4.358000000000e+03, gap 0.0000%
(0, 10, 2, 11) 1.0 243
(1, 11, 8, 10) 1.0 241
(3, 10, 6, 11) 1.0 258
(4, 11) 1.0 100
(5, 11) 1.0 118
(7, 11, 9, 10) 1.0 293

25 パッキング問題

- ビンパッキング問題，カッティングストック問題，2次元パッキング問題

25.1 準備

```
import subprocess
import pandas as pd
import random
import math
from gurobipy import Model, quicksum, GRB, Column
# from mypulp import Model, quicksum, GRB
import networkx as nx
import plotly
import plotly.graph_objects as go
import matplotlib.pyplot as plt
from scipy.stats import rv_discrete
import numpy as np
folder = "../data/packing/"
```

関連動画▶

25.2 ビンパッキング問題

ビンパッキング問題（bin packing problem; 箱詰め問題）は，以下のように定義される問題である．

> n 個のアイテムからなる有限集合 N とサイズ（容量）B のビンが無限個準備されている．個々のアイテム $i \in N$ のサイズ $0 \leq w_i \leq B$ は分かっているものとする．これら n 個のアイテムを，サイズ B のビンに詰めることを考えるとき，必要なビンの数を最小にするような詰めかたを求めよ．

■ 25.2.1 定式化

ビンの数の上限 U が与えられているものとする．アイテム i をビン j に詰めるとき 1 になる変数 x_{ij} と，ビン j の使用の可否を表す変数 y_j を用いることによって，ビンパッキング問題は，以下の整数最適化問題として記述できる．

$$minimize \quad \sum_{j=1}^{U} y_j$$

$$s.t. \quad \sum_{j=1}^{U} x_{ij} = 1 \qquad \forall i = 1, 2, \ldots, n$$

$$\sum_{i=1}^{n} w_i x_{ij} \leq B y_j \qquad \forall j = 1, 2, \ldots, U$$

$$x_{ij} \leq y_j \qquad \forall i = 1, 2, \ldots, n, j = 1, 2, \ldots, U$$

$$x_{ij} \in \{0, 1\} \qquad \forall i = 1, 2, \ldots, n, j = 1, 2, \ldots, U$$

$$y_j \in \{0, 1\} \qquad \forall j = 1, 2, \ldots, U$$

この定式化は，大規模な実際問題を解く際には使うべきではない．データが整数の場合には，枝フロー変数を用いたより強い定式化が提案されている．詳細は，以下のサイトを参照されたい．

https://vpsolver.fdabrandao.pt/

離散的な値をもつアイテムのサイズの例題を生成し，上の定式化で求解してみる．

```
def bpp(s, B):
    """bpp: Martello and Toth's model to solve the bin packing problem.
    Parameters:
        - s: list with item widths
        - B: bin capacity
    Returns a model, ready to be solved.
    """
    n = len(s)
    U = n   # upper bound of the number of bins; 本来なら後述の近似解法を用いる len(↩
      FFD(s, B))
    model = Model("bpp")
    x, y = {}, {}
    for i in range(n):
        for j in range(U):
            x[i, j] = model.addVar(vtype="B", name="x(%s,%s)" % (i, j))
    for j in range(U):
        y[j] = model.addVar(vtype="B", name="y(%s)" % j)
    model.update()

    # assignment constraints
    for i in range(n):
        model.addConstr(quicksum(x[i, j] for j in range(U)) == 1, "Assign(%s)" % i)

    # bin capacity constraints
```

```
        for j in range(U):
            model.addConstr(
                quicksum(s[i] * x[i, j] for i in range(n)) <= B * y[j], "Capac(%s)" % j
            )

        # tighten assignment constraints
        for j in range(U):
            for i in range(n):
                model.addConstr(x[i, j] <= y[j], "Strong(%s,%s)" % (i, j))

        model.setObjective(quicksum(y[j] for j in range(U)), GRB.MINIMIZE)

        model.update()
        model.__data = x, y
        return model, U


def solvebinPacking(s, B):
    """solvebinPacking: use an IP model to solve the in Packing Problem.

    Parameters:
        - s: list with item widths
        - b: bin capacity

    Returns a solution: list of lists, each of which with the items in a roll.
    """
    n = len(s)
    model, U = bpp(s, B)
    x, y = model.__data

    model.optimize()

    bins = [[] for i in range(U)]
    for (i, j) in x:
        if x[i, j].X > 0.5:
            bins[j].append(s[i])
    for i in range(bins.count([])):
        bins.remove([])
    for b in bins:
        b.sort()
    bins.sort()
    return bins


def Discretebniform(n=10, lb=1, ub=99, b=100):
    """Discretebniform: create random, uniform instance for the bin packing problem."""
    b = 100
    s = [0] * n
    for i in range(n):
        s[i] = random.randint(lb, ub)
```

```
    return s, b
```

```
random.seed(256)
s, B = DiscreteUniform(10, 1, 50, 100)
print("items:", s)
print("bin size:", B)

bins = solvebinPacking(s, B)
print(len(bins), "bins:")
print(bins)
```

```
items: [32, 20, 28, 24, 25, 3, 30, 50, 28, 16]
bin size: 100

... (略) ...

Explored 1 nodes (197 simplex iterations) in 0.01 seconds
Thread count was 16 (of 16 available processors)

Solution count 2: 3 6

Optimal solution found (tolerance 1.00e-04)
Best objective 3.000000000000e+00, best bound 3.000000000000e+00, gap 0.0000%
3 bins:
[[3, 16, 25, 28, 28], [20, 24, 30], [32, 50]]
```

■ 25.2.2 ヒューリスティクス

ビンの数の上界 U を求めるために，ヒューリスティクスを用いる．

a. first fit（FF）ヒューリスティクス

アイテムを $1, 2, \ldots, n$ の順にビンに詰めていく．このとき，アイテムは詰め込み可能な最小添字のビンに詰めるものとする．どのビンに入れてもサイズの上限 B を超えてしまうなら，新たなビンを用意し，そこに詰める．

このヒューリスティクスは，最適なビン数の 1.7 倍以下のビン数しか使わないという保証をもつ．

b. first fit decreasing（FFD）ヒューリスティクス

アイテムのサイズを非減少順に並べ替えた後に，first fit ヒューリスティクスを行う方法．

このヒューリスティクスは，最悪の場合の性能保証が 11/9 に漸近することが知られている．

first fit ヒューリスティクス改良版として，best fit ヒューリスティクスがある．

c.　best fit（BF）ヒューリスティクス

アイテムを 1, 2, . . . , n の順にビンに詰めていく．このとき，アイテムは詰め込み可能な最大の高さをもつビン（同点の場合には最小添字のビン）に詰めるものとする．どのビンに入れてもサイズの上限 1 を超えてしまうなら，新たなビンを用意し，そこに詰める．

また，アイテムのサイズを非減少順に並べ替えた後に BF ヒューリスティクスを適用したものを，best fit decreasing（BFD）ヒューリスティクスとよぶ．

上と同じランダムな問題例に対して適用してみる．

```python
def FF(s, B):
    """First Fit heuristics for the bin Packing Problem.
    Parameters:
        - s: list with item widths
        - b: bin capacity
    Returns a list of lists with bin compositions.
    """
    remain = [B]  # keep list of empty space per bin
    sol = [[]]  # a list ot items (i.e., sizes) on each used bin
    for item in s:
        for (j, free) in enumerate(remain):
            if free >= item:
                remain[j] -= item
                sol[j].append(item)
                break
        else:  # does not fit in any bin
            sol.append([item])
            remain.append(B - item)
    return sol

def FFD(s, B):
    """First Fit Decreasing heuristics for the bin Packing Problem.
    Parameters:
        - s: list with item widths
        - b: bin capacity
    Returns a list of lists with bin compositions.
    """
    remain = [B]  # keep list of empty space per bin
    sol = [[]]  # a list ot items (i.e., sizes) on each used bin
    for item in sorted(s, reverse=True):
        for (j, free) in enumerate(remain):
            if free >= item:
                remain[j] -= item
                sol[j].append(item)
                break
        else:  # does not fit in any bin
            sol.append([item])
            remain.append(B - item)
```

```
    return sol

def BF(s, B):
    """Best Fit heuristics for the bin Packing Problem.
    Parameters:
        - s: list with item widths
        - b: bin capacity
    Returns a list of lists with bin compositions.
    """
    remain = [B]  # keep list of empty space per bin
    sol = [[]]   # a list ot items (i.e., sizes) on each used bin

    for item in s:
        best_remain = np.inf
        best_j = -1
        for (j, free) in enumerate(remain):
            rem = free - item
            if rem == 0:
                best_remain = rem
                best_j = j
                break
            elif rem > 0 and rem < best_remain:
                best_remain = rem
                best_j = j
        if best_j >= 0:
            remain[best_j] -= item
            sol[best_j].append(item)
        else:  # does not fit in any bin
            sol.append([item])
            remain.append(B - item)
    return sol
```

```
bins = FF(s, B)
print("FF", len(bins), "bins:")
print(bins)

bins = FFD(s, B)
print("FFD", len(bins), "bins:")
print(bins)

bins = BF(s, B)
print("BF", len(bins), "bins:")
print(bins)
```

```
FF 3 bins:
[[32, 20, 28, 3, 16], [24, 25, 30], [50, 28]]
FFD 3 bins:
[[50, 32, 16], [30, 28, 28, 3], [25, 24, 20]]
BF 3 bins:
```

[[32, 20, 28, 3, 16], [24, 25, 30], [50, 28]]

25.3 カッティングストック問題

ビンパッキング（箱詰め）問題に類似の古典的な問題として**カッティングストック問題**（cutting stock problem; 切断問題）がある.

> m 個の個別の幅をもった注文を, 幅 b の原紙から切り出すことを考える. 注文 $i = 1, 2, \ldots, m$ の幅 $0 \leq w_i \leq b$ と注文数 q_i が与えられたとき, 必要な原紙の数を最小にするような切り出し方を求めよ.

ここでは, 切断問題に対する Gilmore-Gomory による**列生成法**（column generation method）を構築する.

幅 b の原紙からの m 種類の注文の k 番目の切断パターンを, $(t_1^k, t_2^k, \ldots, t_m^k)$ とする. ここで, t_i^k は注文 i が k 番目の切断パターン k で切り出される数を表す. また, 実行可能な切断パターン（箱詰め問題における詰め合わせ）とは, 以下の式を満たすベクトル $(t_1^k, t_2^k, \ldots, t_m^k)$ を指す.

$$\sum_{i=1}^{m} t_i^k \leq b$$

実行可能な切断パターンの総数を K とする. 切断問題はすべての可能な切断パターンから, 注文 i を注文数 q_i 以上切り出し, かつ使用した原紙数を最小にするように切断パターンを選択する問題になる. 切断パターン k を採用する回数を表す整数変数 x_k を用いると, 切断問題は以下の整数最適化問題として書くことができる.

$$
\begin{aligned}
minimize \quad & \sum_{k=1}^{K} x_k \\
s.t. \quad & \sum_{k=1}^{K} t_i^k x_k \geq q_i \quad \forall i = 1, 2, \ldots, m \\
& x_k \in \mathbf{Z}_+ \quad \forall k = 1, 2, \ldots, K
\end{aligned}
$$

これを主問題（master problem）とよぶ. 主問題の線形最適化緩和問題を考え, その最適双対変数ベクトルを λ とする. このとき, 被約費用が負の列（実行可能な切断パターン）を求める問題は, 以下の整数ナップサック問題になる.

$$
\begin{aligned}
maximize \quad & \sum_{i=1}^{m} \lambda_i y_i \\
s.t. \quad & \sum_{i=1}^{m} w_i y_i \leq b \\
& y_i \in \mathbf{Z}_+ \quad \forall i = 1, 2, \ldots, m
\end{aligned}
$$

```
EPS = 1.0e-6
def solveCuttingStock(w, q, b):
    """solveCuttingStock: use column generation (Gilmore-Gomory approach).
    Parameters:
        - w: list of item's widths
        - q: number of items of a width
        - b: bin/roll capacity
    Returns a solution: list of lists, each of which with the cuts of a roll.
    """
    t = []  # patterns
    m = len(w)
    # generate initial patterns with one size for each item width
    for (i, width) in enumerate(w):
        pat = [0] * m  # vector of number of orders to be packed into one roll (bin)
        pat[i] = int(b / width)
        t.append(pat)

    K = len(t)
    master = Model("master LP")  # master LP problem
    x = {}
    for k in range(K):
        x[k] = master.addVar(vtype="I", name="x(%s)" % k)
    master.update()

    orders = {}
    for i in range(m):
        orders[i] = master.addConstr(
            quicksum(t[k][i] * x[k] for k in range(K) if t[k][i] > 0) >= q[i],
            "Order(%s)" % i,
        )

    master.setObjective(quicksum(x[k] for k in range(K)), GRB.MINIMIZE)

    master.update()  # must update before calling relax()
    master.Params.OutputFlag = 0  # silent mode

    while True:
        relax = master.relax()
        relax.optimize()
        pi = [c.Pi for c in relax.getConstrs()]  # keep dual variables

        knapsack = Model("KP")  # knapsack sub-problem
        knapsack.ModelSense = -1  # maximize
        y = {}
        for i in range(m):
            y[i] = knapsack.addVar(lb=0, ub=q[i], vtype="I", name="y(%s)" % i)
        knapsack.update()

        knapsack.addConstr(quicksum(w[i] * y[i] for i in range(m)) <= b, "Width")
```

```
    knapsack.setObjective(quicksum(pi[i] * y[i] for i in range(m)), GRB.MAXIMIZE)

    knapsack.Params.OutputFlag = 0  # silent mode
    knapsack.optimize()

    if knapsack.ObjVal < 1 + EPS:  # break if no more columns
        break

    pat = [int(y[i].X + 0.5) for i in y]  # new pattern
    t.append(pat)

    # add new column to the master problem
    col = Column()
    for i in range(m):
        if t[K][i] > 0:
            col.addTerms(t[K][i], orders[i])
    x[K] = master.addVar(obj=1, vtype="I", name="x(%s)" % K, column=col)
    master.update()  # must update before calling relax()
    K += 1

master.optimize()

rolls = []
for k in x:
    for j in range(int(x[k].X + 0.5)):
        rolls.append(
            sorted([w[i] for i in range(m) if t[k][i] > 0 for j in range(t[k][i])])
        )
rolls.sort()
return rolls


def CuttingStockExample():
    """CuttingStockExample: create toy instance for the cutting stock problem."""
    b = 110  # roll width (bin size)
    w = [20, 45, 50, 55, 75]  # width (size) of orders (items)
    q = [48, 35, 24, 10, 8]  # quantitiy of orders
    return w, q, b

def mkCuttingStock(s):
    """mkCuttingStock: convert a bin packing instance into cutting stock format"""
    w, q = [], []  # list of different widths (sizes) of items, their quantities
    for item in sorted(s):
        if w == [] or item != w[-1]:
            w.append(item)
            q.append(1)
        else:
            q[-1] += 1
    return w, q
```

```
def mkbinPacking(w, q):
    """mkbinPacking: convert a cutting stock instance into bin packing format"""
    s = []
    for j in range(len(w)):
        for i in range(q[j]):
            s.append(w[j])
    return s
```

```
w, q, b = CuttingStockExample()
rolls = solveCuttingStock(w, q, b)
print(len(rolls), "rolls:")
print(rolls)
```

```
47 rolls:
[[20, 20, 20, 20, 20], [20, 20, 20, 50], [20, 20, 20, 50], [20, 20, 20, 50], [20, ↩
20, 20, 50], [20, 20, 20, 50], [20, 20, 20, 50], [20, 45, 45], [20, 45, 45], [20, ↩
45, 45], [20, 45, 45], [20, 45, 45], [20, 45, 45], [20, 45, 45], [20, 45, 45], [20, ↩
 45, 45], [20, 45, 45], [20, 45, 45], [20, 45, 45], [20, 45, 45], [20, 45, 45], ↩
[20, 45, 45], [20, 45, 45], [20, 45, 45], [20, 45, 45], [20, 75], [20, 75], [20, ↩
75], [20, 75], [20, 75], [20, 75], [20, 75], [20, 75], [50, 50], [50, 50], [50, ↩
50], [50, 50], [50, 50], [50, 50], [50, 50], [50, 50], [50, 50], [55, 55], [55, ↩
55], [55, 55], [55, 55], [55, 55]]
```

同じ問題例をビンパッキング問題に変換し，first fit decreasing ヒューリスティクスで
解いてみる．

```
s = mkbinPacking(w, q)
bins = FFD(s,b)
print("FFD", len(bins), "bins:")
```

```
FFD 47 bins:
```

25.4 d 次元ベクトルパッキング問題

d 次元ベクトルパッキング問題 (*d*-dimensioanl vector packing problem) は，以下のよ
うに定義される．

> n 個のアイテムからなる有限集合 N とサイズ（容量）B のビンが U 本準備されている．
> 個々のアイテム $i \in N$ は d 次元の属性（サイズ）$(w_i^1, w_i^2, \ldots, w_i^d)$ をもつ．これら n 個
> のアイテムを，容量 B（これは次元によらず一定である）のビンに詰めることを考える．
> アイテム集合 N の U 個のビンへの分割を $P_1, P_2, \ldots, P_U$ とする．ただし，ビンに割
> り振られたアイテムのサイズの合計がビンのサイズを超えないようにしたい．
> $$> \sum_{i \in P_j} w_i^k \le B \quad \forall j = 1, 2, \ldots, U, k = 1, 2, \ldots, d >$$
> この条件を満たすアイテムのビンへの分割を求めよ．

■ 25.4.1 定式化

ビンのサイズが一定でなく，次元ごとの上限が異なる問題は，**変動サイズベクトル
パッキング問題**（variable size vector packing problem）とよばれ，データセンターにお
けるプロセスのマシンへの割当や，トラックへの荷物の割当に応用をもつ．以下では，
ビン *j* を使用したときの費用 c_j を導入し，最適化問題として定式化する．

アイテム *i* をビン *j* に詰めるとき 1 になる変数 x_{ij} と，ビン *j* の使用の可否を表す
変数 y_j を用いることによって，変動サイズベクトルパッキング問題は，以下の整数最
適化問題として記述できる．

$$minimize \quad \sum_{j=1}^{U} c_j y_j$$

$$s.t. \quad \sum_{j=1}^{U} x_{ij} = 1 \qquad \forall i = 1, 2, \ldots, n$$

$$\sum_{i=1}^{n} w_i^k x_{ij} \leq B_j^k y_j \qquad \forall j = 1, 2, \ldots, U, k = 1, 2, \ldots, d$$

$$x_{ij} \leq y_j \qquad \forall i = 1, 2, \ldots, n, j = 1, 2, \ldots, U$$

$$x_{ij} \in \{0, 1\} \qquad \forall i = 1, 2, \ldots, n, j = 1, 2, \ldots, U$$

$$y_j \in \{0, 1\} \qquad \forall j = 1, 2, \ldots, U$$

以下のプログラムでは，実行不能性を避けるために，割り当てできないアイテムの数
を最小化し，その中で使用したビンの費用を最小化するように変更している．

```
def vbpp(s, B, c, penalty=1000.0):
    n = len(s)
    U = len(c)
    model = Model("bpp")
    # setParam("MIPFocus",1)
    x, y, z = {}, {}, {}
    for i in range(n):
        z[i] = model.addVar(vtype="B", name=f"z({i})")
        for j in range(U):
            x[i, j] = model.addVar(vtype="B", name=f"x({i},{j})")
    for j in range(U):
        y[j] = model.addVar(vtype="B", name=f"y({j})")
    model.update()
    # assignment constraints
    for i in range(n):
        model.addConstr(quicksum(x[i, j] for j in range(U)) + z[i] == 1,
                        f"Assign({i})")
    # tighten assignment constraints
    for j in range(U):
        for i in range(n):
            model.addConstr(x[i, j] <= y[j], f"Strong({i},{j})")
    # bin capacity constraints
```

```
    for j in range(U):
        for k in range(d):
            model.addConstr(
                quicksum(s[i, k] * x[i, j] for i in range(n)) <= B[j, k] * y[j],
                f"Capac({j},{k})",
            )
    model.setObjective(
        quicksum(penalty * s[i, k] * z[i] for i in range(n) for k in range(d))
        + quicksum(c[j] * y[j] for j in range(U)),
        GRB.MINIMIZE,
    )

    model.update()
    model.__data = x, y, z
    return model
```

```
np.random.seed(123)
n = 5    #アイテム数
U = 2    #ビンの数
d = 2    #次元数
lb = 3   #アイテムサイズの下限
ub = 19  #アイテムサイズの上限
blb = 15 #ビン容量の下限
bub = 20 #ビン容量の上限
penalty = 1000
s = np.random.randint(lb, ub, (n, d))
B = np.random.randint(blb, bub, (U, d))
c = np.random.randint(500, 1000, U)

model = vbpp(s, B, c, penalty)
model.optimize()

x, y, z = model.__data
bins = [[] for j in range(U)]
for (i, j) in x:
    if x[i, j].X > 0.5:
        bins[j].append(s[i])
unassigned = []
for i in z:
    if z[i].X > 0.5:
        unassigned.append(s[i])

print("unassigned items=", unassigned)
for j in range(U):
    weight = np.zeros(d, dtype=int)
    for s in bins[j]:
        weight += s
    print(weight, "<=", B[j])
```

```
... (略) ...

Explored 0 nodes (0 simplex iterations) in 0.01 seconds
Thread count was 1 (of 16 available processors)

Solution count 2: 55239

Optimal solution found (tolerance 1.00e-04)
Best objective 5.523900000000e+04, best bound 5.523900000000e+04, gap 0.0000%
unassigned items= [array([17,  5]), array([9, 4]), array([ 6, 13])]
[17 16] <= [18 16]
[15  5] <= [16 15]
```

■ 25.4.2 ヒューリスティクス

　変動サイズベクトルパッキング問題に対しては，BFD（Best Fit Decreasing）の変形が提案されている.

　与えられた U 本のビンに容量を超えない割当が可能かどうかを判定する問題を考える.

　残りのアイテムの集合を NR，残りのビンの集合を BR とする.

　次元 k のアイテムのサイズの和を W_k とする.

$$W_k = \sum_{i \in NR} w_i^k$$

ビン j の k 次元の残り容量を r_j^k とする.　次元 k の残り容量の和を R_k とする.

$$R_k = \sum_{j \in BR} r_j^k$$

W_k が大きい次元ほど，R_k が小さい次元ほど重要度が高いと考え，次元 k の重要度（次元を統合したサイズ）を表す s_k を導入する.　s_k は以下の3通りが考えられる.

$$s_k = W_k$$

$$s_k = 1/R_k$$

$$s_k = W_k/R_k$$

より一般的に，パラメータ $0 \le \alpha \le 2$ を用いて以下のように定義する.

$$s_k = \frac{(W_k)^{\alpha}}{(R_k)^{2-\alpha}}$$

この尺度を用いてビン j の（次元を統合した）サイズ

$$\sum_{k=1}^{d} s_k r_j^k \quad \forall j \in BR$$

とアイテム i のサイズ

$$\sum_{k=1}^{d} s_k w_i^k \quad \forall i \in NR$$

を計算する.

　この新たなサイズを用いて BFD ヒューリスティクスは,アイテム中心型とビン中心型の 2 通りが定義できる.

a.　アイテム中心型 BFD ヒューリスティクス

未割当アイテムに対して以下の操作を繰り返す.

　1.　(次元を統合した) サイズを計算

　2.　サイズが最大のアイテムを,割当可能な最小の残りサイズをもつビンに割り当てる (どのビンにも割当不能なら終了; 実行不能)

　実際問題を解く際には,単に実行不能を返すだけでなく,なるべく多くのアイテムを詰めたいので,終了判定条件を変える必要がある.

b.　ビン中心型 BFD ヒューリスティクス

　残りのビン集合に対して以下の操作を繰り返す.　終了後に未割当のアイテムが残っていたら実行不能と判定する.

　1.　(次元を統合した) ビンのサイズを計算

　2.　サイズが最小のビンを選択

　3.　未割当のアイテムに対してサイズを計算し,ビンに入る最大のものを入れる

　以下に,アイテム中心型の BFD ヒューリスティクスのコードと,上と同じ例題を解いたときの結果を示す.

```python
def BFD(w, B, alpha=1.0):
    """
    Item Based Best Fit Decreasing (BFD) heuristcs for variable size vector packing↪
      problem
    """
    n, d = w.shape
    U = len(B)
    unassigned = []
    bins = [[] for j in range(U)]
    while len(w) > 0:
        W = w.sum(axis=0)  # アイテムに対する残りサイズの和 (次元ごと)
        R = B.sum(axis=0)  # ビンに対する残り容量の和 (次元ごと)
        s = (W**alpha) / (R + 0.000001) ** (2.0 - alpha)  # 次元の重要度
        BS = B @ s  # ビンのサイズ (次元統合後)
        WS = w @ s  # アイテムのサイズ (次元統合後)
        max_item_idx = np.argmax(WS)
        max_item = w[max_item_idx]
        for j in np.argsort(BS):
            remain = B[j] - max_item
```

```
        if np.all(remain >= 0):  # 詰め込み可能
            B[j] = remain
            bins[j].append(max_item)
            break
    else:
        unassigned.append(max_item)
    w = np.delete(w, max_item_idx, axis=0)
return bins, unassigned
```

```
BB = B.copy()
print("w=",w)
print("B=",B)
bins, unassigned = BFD(w, B, alpha=0.0)
print("Unassigned=", unassigned)
for j in range(U):
    weight = np.zeros(d, dtype=int)
    for s in bins[j]:
        weight += s
    print(weight, "<=", BB[j])
```

```
w= [[18 12]
 [ 3 17]
 [ 3 18]
 [12  6]
 [17 16]]
B= [[18 16]
 [16 15]]
Unassigned= [array([18, 12]), array([ 3, 18]), array([ 3, 17])]
[17 16] <= [18 16]
[12  6] <= [16 15]
```

25.5 2次元パッキング問題

2次元（長方形; 矩形）パッキング問題（2-dimensional rectangular packing problem）は, 与えられた長方形を平面上に互いに重ならないように配置する問題である.

長方形集合 $I = \{1, 2, \ldots, n\}$ の各要素 i は m_i 種類のモードが与えられ, 各モード $k (= 1, 2, \ldots, m_i)$ に対して, 幅 w_i^k と高さ h_i^k が与えられる. 配置は, 各長方形について 1つのモードを選択し, さらに左下の位置の座標値 (x, y) を与えることで定まる. 配置はなるべくコンパクトなことが望ましく, x, y 軸に対して区分的線形な費用関数を定義することによって, 目的関数を定める.

以下の論文に掲載されているメタヒューリスティクスを Python から呼び出して使用する.

- S. Imahori, M. Yagiura, T. Ibaraki:
  Improved Local Search Algorithms for the Rectangle Packing Problem
  with General Spatial Costs,
  European Journal of Operational Research 167 (2005) 48-67

　このコード自体はオープンソースではないが，研究用なら筆者に連絡すれば利用可能である．詳細は，付録1のOptPackを参照されたい．

　以下，ソルバーのパラメータである．

- size: 長方形数
- pft_x: x 軸コストがあるかどうか（0: あり, 1: なし（w,xgr を利用））
- pft_y: y 軸コストがあるかどうか（0: あり, 1: なし（h,ygr を利用））
- w: 入れ物の幅（x 軸コストがない場合のみ意味あり）
- xgr: x 方向，入れ物からの超過に対するペナルティの傾き
- h: 入れ物の高さ（y 軸コストがない場合のみ意味あり）
- ygr: y 方向，入れ物からの超過に対するペナルティの傾き
- time: 最大計算時間（終了条件）
- move: 最大移動回数（終了条件）
- lopt: 最大局所最適解数（終了条件, MLS, ILS のみ意味あり）
- h_type: メタ戦略の種類（1: 局所探索, 2: MLS(多スタート局所探索), 3: ILS（反復局所探索））

　ベンチマーク問題例を解き，結果を Plotly で図示してみる．

```python
def packingmeta(fn, timelimit):
    f = open(fn)
    data = f.readlines()
    f.close()
    n = len(data)
    cmd = f"./2pp {fn} -time {timelimit} -size {n}  >packing.out"
    try:
        o = subprocess.run(cmd, shell=True, check=True)
    except subprocess.CalledProcessError as e:
        print("ERROR:", e.stderr)
    f = open("packing.out")
    data = f.readlines()
    f.close()
    start = data.index(" ID: (x, y)               [w, h] \n")
    opt_val = float(data[start - 3].split()[3][:-1])
    xy, wh = {}, {}
    for i, row in enumerate(data[start + 1 :]):
        r = row.split()
        xy[i] = float(r[1][1:-1]), float(r[2][:-1])
        wh[i] = float(r[3][1:-1]), float(r[4][:-1])
    x, y = [], []
```

```
    for i in xy:
        xx, yy = xy[i]
        w, h = wh[i]
        x.extend([xx, xx + w, xx + w, xx, None])
        y.extend([yy, yy, yy + h, yy + h, None])
    fig = go.Figure(go.Scatter(x=x, y=y, fill="toself"))
    return opt_val, xy, wh, fig
```

```
#fn = folder + "ami33"
fn = folder + "rp200"
timelimit = 1
opt_val, xy, wh, fig = packingmeta(fn, timelimit)
print("obj = ", opt_val)
plotly.offline.plot(fig);
```

obj = 1313.0

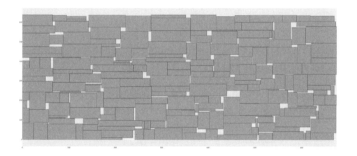

25.6 確率的ビンパッキング問題

　ビンパッキング問題の応用では，アイテムに関する情報が事前に与えられておらず，時間の経過とともにアイテムが到着し，そのサイズが判明するケースがある．このような仮定を課した問題を**オンラインビンパッキング問題**（online bin packing problem）とよぶ．より正確に言うと，先に到着するアイテムについての情報をもたずに入れるビンを決め，さらに1度入れたら，それを移動することができないという制限を課した問題である．

　この条件を少し緩和した問題として，到着するアイテムのサイズの確率分布が既知であると仮定した問題が考えられる．このような問題を**確率的ビンパッキング問題**（stochastic bin packing problem）とよぶ．

　実務における問題は，オンラインと確率的の両者の性質をもつ．以下の分類にしたがって，解法を選ぶことが望ましい．

- 分布が未知で未来の情報がまったくない: オンラインビンパッキングのヒューリスティクスを用いる.
- 分布が定常: 確率分布を推定し, 確率的ビンパッキング問題として解く.
- 分布が非定常: オンラインで到着するアイテムのサイズから適応的に分布を推定し, ヒューリスティクスを適用する.
- 近い未来の情報は既知で, ある時点以降の情報がまったくない: 既知の部分までを確定的な問題として求解して, ローリングホライズン方式を適用する.
- 近い未来の情報は既知で, 先に行くにしたがって情報が不確実になる: 既知の部分までを確定的な問題として求解して, ローリングホライズン方式を適用するが, 確率的な情報を利用して, 最終状態を適正なものに近づける.

　アイテムのサイズを離散値とした確率的ビンパッキング問題を考える.

　ビンの容量を正の整数 B とする. アイテムのサイズの種類は J 種類であり, 小さい方から順に $s_1 < s_2 < \cdots < s_J$ とする. ここで $s_j (j = 1, \ldots, J)$ は $[1, B]$ の整数とする. サイズが s_j のアイテムが発生する確率を p_j とする. ここでは, p_j は非負の有理数であり, その和は 1 であるとする. i 番目のアイテムは, 独立に確率 p_j でサイズ s_j になるように決められる.

　サイズ s_j のアイテムを高さ h のビンに割り当てる確率を表す実数変数 x_{jh} を用いた以下の線形最適化問題を導入する.

$$
\begin{aligned}
& minimize && \sum_{h=1}^{B-1}(B-h)\cdot\left(\sum_{j=1}^{J} x_{j,h-s_j} - \sum_{j=1}^{J} x_{jh}\right) \\
& s.t. && \sum_{h=0}^{B-1} x_{jh} = p_j && j = 1, \ldots, J \\
& && \sum_{j=1}^{J} x_{jh} \leq \sum_{j=1}^{J} x_{j,h-s_j} && h = 1, \ldots, B-1 \\
& && x_{jh} \geq 0 && j = 1, \ldots, J,\ h = 0, \ldots, B-1 \\
& && x_{jh} = 0 && j = 1, \ldots, J,\ h = B-s_j, \ldots, B-1
\end{aligned}
$$

目的関数は, ビンの余り $(B-h)$ が超過して生成される確率に, 余り $(B-h)$ を乗じたものを最小化することを表す. 最初の制約は, サイズ s_j のアイテムがいずれかのビンに割り当てられる確率が, 発生する確率に等しいことを表す. 2番目の制約は, 高さ h が生成される確率 (式の右辺) が, 消滅する確率 (式の左辺) 以上であることを表す (この式の余裕変数 (slack) が, h が余分になる確率を表す). 3番目の制約は, 変数の非負条件であり, 最後の制約はビンのサイズの上限を超えてしまう割当確率が 0 であることを表す.

　容量 10 のビンに対して, 1, 2, 5, 6 のサイズをもつアイテムが, それぞれ確率

0.3, 0.3, 0.3, 0.1 で発生する場合を考える. アイテムのサイズは SciPy の rv_discrete
関数を用いて生成する.

```
B = 10
s = [1, 2, 5, 6]
p = [0.3, 0.3, 0.3, 0.1]
J = len(s)
size = rv_discrete(values=(s, p))
```

```
model = Model("discrete bpp")
x, slack = {}, {}
for j in range(J):
    for h in range(B):
        if s[j] + h <= B:
            x[j, h] = model.addVar(vtype="C", name=f"x[{j},{h}]")
for h in range(1, B):
    slack[h] = model.addVar(vtype="C", name=f"slack[{h}]")
model.update()
for j in range(J):
    model.addConstr(quicksum(x[j, h] for h in range(B) if (j, h) in x) == p[j])
for h in range(1, B):
    model.addConstr(
        quicksum(x[j, h] for j in range(J) if (j, h) in x) + slack[h]
        == quicksum(x[j, h - s[j]] for j in range(J) if h >= s[j])
    )
model.setObjective(quicksum((B - h) * slack[h] for h in range(1, B)), GRB.MINIMIZE)
```

```
model.optimize()
```

```
... (略) ...

Solved in 5 iterations and 0.01 seconds
Optimal objective  0.000000000e+00
```

目的関数 0 が残り容量の期待値であり, 漸近的に完全パッキングが可能であることを
表す. また, どのアイテムをどの高さのビンに (確率的に) 割り振るかの指針を得る
ことができる.

```
for (j, h) in x:
    if x[j, h].X > 0.001:
        print("size", s[j], "item should assign the bin with height", h, " with ↵
    prob. ", x[j, h].X)
```

```
size 1 item should assign the bin with height 0  with prob.  0.1
size 1 item should assign the bin with height 1  with prob.  0.09999999999999999
size 1 item should assign the bin with height 2  with prob.  0.09999999999999998
```

```
size 2 item should assign the bin with height 0  with prob.  0.1
size 2 item should assign the bin with height 3  with prob.  0.09999999999999998
size 2 item should assign the bin with height 8  with prob.  0.1
size 5 item should assign the bin with height 0  with prob.  0.1
size 5 item should assign the bin with height 5  with prob.  0.19999999999999998
size 6 item should assign the bin with height 2  with prob.  0.1
```

25.7 オンラインビンパッキング問題

アイテムがすべて既知として問題を解く状況をオフラインとよび，将来発生するアイテムに対する情報をもたずに最適化する状況をオンラインとよぶ．前に示した first fit decreasing ヒューリスティクスはオフラインでしか使えず，first fit ヒューリスティクスはオンラインで使えるが性能が悪い．

以下では，オンラインの環境下で，アイテムサイズが離散分布の場合に良い性能を示す **2 乗和法**（sum-of-square algorithm）を紹介し，best fit ヒューリスティクスと比較する．

途中までアイテムを詰めた状態を考える．このとき，アイテムのサイズは整数であるので，空でなくかつ一杯になっていないビンの高さ h は $[1, B-1]$ の整数である．高さが h のビンの数を $M(h)$ と書く．オンラインの環境下においては，将来どのようなサイズが到着するか分からないと仮定するが，このような状態における策として，$M(h)$ がなるべく均等になるように準備しておく方法が考えられる．もし，すべての高さのビンがあれば，どのようなアイテムが到着しても，ビンの高さがちょうど B になるように詰めることができるからである．

均等にするための常套手段として，2 乗和を最小化する方法がある．和が一定の数の分割において，2 乗和が最小になるのは，すべての数が同じ場合である（たとえば，9 の 3 分割では，$3^2 + 3^2 + 3^2 = 27$ が最小で，$9^2 + 0^2 + 0^2 = 81$ が最大になる）．2 乗和法では，このアイディアに基づいて，以下の指標を最小にするビンにアイテムを入れる．

$$SS = \sum_{h=1}^{B-1} M(h)^2$$

サイズ w のアイテムを，高さ h のビンに入れたときの上の指標の増加量 Δ は，

$$\Delta = \begin{cases} 2M(w) + 1 & \text{新しいビンを生成するとき } (h = 0) \\ -M(B-w) + 1 & \text{ビンが一杯になったとき } (h = B - w) \\ 2(M(h+w) - M(h)) + 2 & \text{その他} \end{cases}$$

と計算できる．したがって，指標 SS を最小にする高さを求めるには，2 乗和を再計算する必要はなく，Δ を最小にする h を求めれば良い．これは $O(B)$ 時間でできる．

容量 10 のビンに対して, 1, 2, 5, 6 のサイズをもつアイテムが, それぞれ確率 0.3, 0.3, 0.3, 0.1 で発生する場合を考える.

```
B = 10
s = [1, 2, 5, 6]
p = [0.3, 0.3, 0.3, 0.1]
J = len(s)
size = rv_discrete(values=(s, p))
n = 10000
```

```
M = np.zeros(B + 1, dtype=int)
w = size.rvs(size=n)
for i in range(n):
    min_delta = 2 * w[i] + 1
    best_h = 0
    for h in range(1, B + 1 - w[i]):
        if M[h] == 0:
            continue
        if h + w[i] == B:
            delta = -M[h] + 1
        else:
            delta = 2 * (M[h + w[i]] - M[h]) + 2
        if delta < min_delta:
            min_delta = delta
            best_h = h
    if best_h > 0:
        M[best_h] -= 1
    M[best_h + w[i]] += 1
print("M=", M)
print(sum(M), "bins")
```

```
M= [   0    0    0    0    0    0    1    0    1    1 2972]
2975 bins
```

best fit ヒューリスティクスと比較してみよう.

```
sol = BF(w, B)
print(len(sol),"bins")
```

```
2975 bins
```

26 集合被覆問題

- 集合被覆問題 とその変形

26.1 準備

```
import subprocess
import random
from collections import defaultdict
from gurobipy import Model, quicksum, GRB
# from mypulp import Model, quicksum, GRB
```

26.2 集合被覆問題

行数 m, 列数 n の 0-1 行列 $A = [a_{ij}]$ と費用ベクトル $c = [c_j]$ が与えられたとき, 以下の問題を**集合被覆問題**(set covering problem)とよぶ.

$$
\begin{aligned}
minimize \quad & \sum_{j=1}^{n} c_j x_j \\
s.t. \quad & \sum_{j=1}^{n} a_{ij} x_j \geq 1 \quad i = 1, 2, \ldots, m \\
& x_j \in \{0, 1\} \qquad j = 1, 2, \ldots, n
\end{aligned}
$$

集合被覆問題は, 可能なパターンを列挙して, パターンによって対象を被覆(カバー)するために使うことができる. 我々はすでに, 以下の問題を集合被覆問題に帰着して解いた.

- クリーク被覆問題: 極大クリークを列挙してから, 点もしくは枝をカバーするクリークを抽出する.

- 配送計画問題: 実行可能な(容量制約を満たす)ルートを列挙してから, すべての顧客を被覆するルートを抽出する. その後, 2回以上訪問している顧客をルートから削除する.

- 空輸送最小化問題: Euler 閉路をもつようにしてから, 単純閉路を列挙し, 最小費用

の閉路を抽出する.

このアプローチは，他の様々な実際問題に適用可能である．特に，列挙するパターンに制約が多い場合に有効である．

■ 26.2.1 動的最適化

すべての j に対して $c_j = 1$ の場合を考え，動的最適化を適用する.

列 j に対して $a_{ij} = 1$ になっている行の集合を表す以下の集合 S_j を導入する.

$$S_j = \{i \in \{1, 2, \ldots, m\} | a_{ij} = 1\} \quad j = 1, 2, \ldots, n$$

制約の添え字 $i = 1, 2, \ldots, m$ の部分集合 C と変数の添え字を $k \, (\leq n)$ 番目までに制限した部分問題（最適値を $f(k, C)$ と記す）を以下のように定義する.

$f(k, C)$ の値は，k 番目の変数を 1 にするか，0 にするかのいずれかであるので，以下の再帰方程式を得る.

$$f(k, C) = \min\{f(k - 1, C), f(k - 1, C \setminus S_k) + 1\}$$

上の再帰方程式を初期条件 $f(0, \cdot) = \infty$, $f(\cdot, \emptyset) = 0$ の下で解くことによって，元の問題の最適値 $f(n, \{1, 2, \ldots, m\})$ を $O(n2^m)$ 時間・空間で得ることができる.

```python
def scpdp(m, n, S):
    def f(k, Cover):
        if len(Cover) == 0:
            return 0, 0
        if k < 0:
            return 99999999.0, -1
        FS = frozenset(Cover)
        if (k, FS) in memo:
            return memo[k, FS]

        Cover0 = Cover.copy()
        Cover1 = Cover0.difference(S[k])
        if f(k - 1, Cover1)[0] + 1 < f(k - 1, Cover0)[0]:
            min_value = f(k - 1, Cover1)[0] + 1
            sol = 1
        else:
            min_value = f(k - 1, Cover0)[0]
            sol = 0
        memo[k, FS] = min_value, sol
        return memo[k, FS]

    memo = {}
    C = set(range(m))
    opt_val, sol = f(n - 1, C)
    x = [0 for i in range(n)]
    for k in range(n - 1, -1, -1):
```

```
        value, sol = memo[k, frozenset(C)]
        if sol == 1:
            x[k] += 1
            C = C.difference(S[k])
        if len(C) == 0:
            break
    return opt_val, x
```

```
m = 16
n = 50
p = 0.1
random.seed(1)
elements = set(range(m))
S = {}
for i in range(n):
    S[i] = set([])
    if i < m:
        S[i].add(i)  # to be feasible
    for e in elements:
        if random.random() <= p:
            S[i].add(e)
    if len(S[i]) == 0:
        S[i] = set([random.randint(0, m - 1)])  # to avoid empty set
print("S=", S)
opt_val, x = scpdp(m, n, S)
print("Optimal value=", opt_val)
print("Solution=", x)
cover = set([])
for idx,i in enumerate(x):
    if i==1:
        cover = cover|S[idx]
        print(f"S[idx] = ",S[idx])
print("Covered=", cover)
```

```
S= {0: {0, 8, 13, 9}, 1: {1, 10, 3, 4}, 2: {2, 3}, 3: {8, 3}, 4: {8, 4, 7}, 5: {11,↵
 5}, 6: {4, 6}, 7: {0, 7, 11, 12, 13}, 8: {8, 3, 12}, 9: {9, 6, 7}, 10: {8, 10}, ↵
11: {3, 11, 5}, 12: {11, 12}, 13: {12, 13}, 14: {13, 14}, 15: {8, 15}, 16: {1, 3, ↵
6}, 17: {8, 9, 15}, 18: {14}, 19: {7}, 20: {6, 7}, 21: {6}, 22: {6}, 23: {0, 4, ↵
14}, 24: {15}, 25: {0}, 26: {13, 6}, 27: {10}, 28: {14}, 29: {12}, 30: {10, 3, 5}, ↵
31: {6}, 32: {11}, 33: {0}, 34: {9, 15}, 35: {10}, 36: {0}, 37: {7}, 38: {9, 14}, ↵
39: {0}, 40: {10, 11, 12}, 41: {12, 6, 15}, 42: {7}, 43: {14}, 44: {2, 4, 5, 8, ↵
13}, 45: {0, 12}, 46: {3}, 47: {3, 12}, 48: {5}, 49: {2, 4, 5}}
Optimal value= 5
Solution= [0, 1, 0, 0, 0, 0, 0, 1, 0, 0, 0, 0, 0, 0, 0, 0, 0, 0, 0, 0, 0, 0, 0, 0, ↵
0, 0, 0, 0, 0, 0, 0, 0, 0, 0, 0, 0, 0, 0, 0, 1, 0, 0, 1, 0, 0, 1, 0, 0, 0, 0, 0]
S[idx] =  {1, 10, 3, 4}
S[idx] =  {0, 7, 11, 12, 13}
S[idx] =  {9, 14}
S[idx] =  {12, 6, 15}
```

```
S[idx] = {2, 4, 5, 8, 13}
Covered= {0, 1, 2, 3, 4, 5, 6, 7, 8, 9, 10, 11, 12, 13, 14, 15}
```

26.3 メタヒューリスティクス

集合被覆問題に対して，以下のメタヒューリスティクスが提案されている．

- M. Yagiura, M. Kishida and T. Ibaraki, A 3-Flip Neighborhood Local Search for the Set Covering Problem, European Journal of Operational Research, 172 (2006) 472-499

このアルゴリズムは，3反転近傍とよばれる大きな近傍を用いた局所探索法に基づくアルゴリズムである．3反転近傍とは，現在の解から同時に3つの変数を反転させることによって得られる解集合であり，その大きさは $O(n^3)$ である．大きな近傍を用いることによって解の精度の向上が期待できるが，近傍内の全ての解を列挙して調べると計算時間が非常に大きくなる．この隘路を解決するため，解の質を悪くすることなく効率的に近傍を探索する工夫を行っている．

実行可能領域と実行不可能領域を交互に訪れるように探索を制御する戦略的振動を用いている．実行不可能解をペナルティ関数によって評価しつつ，ペナルティ係数を探索状況に応じて適応的に調節することによって戦略的振動を実現している．

さらに，大規模な問題例にも対応できるように，Lagrange 緩和問題から得られる情報を用いて，変数 x_j の一部を0または1に固定することにより問題サイズの縮小を行っている．なお，このとき固定する変数は状況に応じて繰り返し修正を行っている．

このメタヒューリスティクスを Python から呼び出して使用する．このコード自体はオープンソースではないが，研究用なら筆者に連絡すれば利用可能である．詳細は，付録1の OptCover を参照されたい．

集合被覆問題のベンチマーク問題例は，以下のサイトからダウンロードできる．

http://people.brunel.ac.uk/~mastjjb/jeb/orlib/scpinfo.html

https://sites.google.com/site/shunjiumetani/benchmark

http://www.co.mi.i.nagoya-u.ac.jp/~yagiura/scp/

Python から呼び出すための関数を準備する．

```python
def scpmeta(fn, timelimit):
    cmd = f"./3fnls_scp T {timelimit} 0 1 < {fn} >scp.out"
    try:
        o = subprocess.run(cmd, shell=True, check=True)
    except subprocess.CalledProcessError as e:
        print("ERROR:", e.stderr)
```

```
f = open("scp.out")
data = f.readlines()
f.close()

start = data.index("Best solution (chosen indices in [1, n]): \n")
sol = list(map(int, data[start + 1].split()))
return sol
```

```
folder = "../data/scp/"
#file_name = folder+"scp510.txt"
#file_name = folder+"scpd5.txt"
file_name = folder+"scp41.txt"
timelimit = 1
sol = scpmeta(file_name, timelimit)
print(sol)
```

```
[2, 3, 4, 5, 6, 11, 12, 13, 14, 15, 16, 17, 18, 19, 20, 21, 23, 24, 28, 29, 31, 32,↩
 33, 34, 35, 38, 40, 43, 45, 47, 48, 51, 52, 57, 60, 63, 64, 66, 70, 75, 82, 87, ↩
117, 166]
```

■ 26.3.1 数理最適化ソルバーによる求解

同じベンチマーク問題例を数理最適化ソルバーで求解する.

```
f = open(file_name , "r")
data = f.readlines()
m, n = list(map(int, data[0].split()))
cost= {}
a = defaultdict(list)
data_ = []
for row in data[1:]:
    data_.extend(list(map(int, row.split())))
count = 0
for j in range(1,n+1):
    cost[j] = data_[count]
    count += 1
for i in range(m):
    num_cols = data_[count]
    count+=1
    for j in range(num_cols):
        a[i].append( data_[count] )
        count += 1
model = Model()
x ={}
for j in range(1,n+1):
    x[j] = model.addVar(vtype="B", obj=cost[j],name=f"x({j})")
model.update()
for i in range(m):
```

```
model.addConstr( quicksum(x[j] for j in a[i] )>=1, name=f"Cover({i})" )
model.optimize()
```

```
... (略) ...

Cutting planes:
  Gomory: 2
  Clique: 5
  MIR: 5
  Zero half: 51

Explored 1 nodes (838 simplex iterations) in 0.31 seconds (0.27 work units)
Thread count was 16 (of 16 available processors)

Solution count 2: 61 5365

Optimal solution found (tolerance 1.00e-04)
Best objective 6.100000000000e+01, best bound 6.100000000000e+01, gap 0.0000%
```

26.4 集合分割問題

行数 m, 列数 n の 0-1 行列 $A = [a_{ij}]$ と費用ベクトル $c = [c_j]$ が与えられたとき, 以下の問題を**集合分割問題** (set partitioning problem) とよぶ.

$$minimize \quad \sum_{j=1}^{n} c_j x_j$$
$$s.t. \quad \sum_{j=1}^{n} a_{ij} x_j = 1 \quad i = 1, 2, \ldots, m$$
$$x_j \in \{0, 1\} \quad j = 1, 2, \ldots, n$$

26.5 集合パッキング問題

行数 m, 列数 n の 0-1 行列 $A = [a_{ij}]$ と利得ベクトル $v = [v_j]$ が与えられたとき, 以下の問題を**集合パッキング問題** (set packing problem) とよぶ.

$$maximize \quad \sum_{j=1}^{n} v_j x_j$$
$$s.t. \quad \sum_{j=1}^{n} a_{ij} x_j \leq 1 \quad i = 1, 2, \ldots, m$$
$$x_j \in \{0, 1\} \quad j = 1, 2, \ldots, n$$

集合被覆（分割，パッキング）問題は（巨大な問題例でなければ）商用の数理最適化ソルバーで比較的短時間で求解できる.

27 数分割問題

- 数分割問題に対する（メタ）ヒューリスティクス

27.1 準備

ここでは，付録 2 で準備したグラフに関する基本操作を集めたモジュール graph-tools.py を読み込んでいる．環境によって，モジュールファイルの場所は適宜変更されたい．

```
from heapq import *
import random
import numpy as np
from gurobipy import Model, quicksum, GRB
# from mypulp import Model, quicksum, GRB
import networkx as nx
import plotly
import plotly.graph_objs as go
import matplotlib.pyplot as plt

import sys
sys.path.append("..")
import opt100.graphtools as gts
```

関連動画

27.2 数分割問題

数分割問題（number partitioning problem）とは，以下のように定義される問題である．
n 個のアイテムからなる有限集合 N と個々のアイテム $i \in N$ のサイズ $w_i (\geq 0)$ が与えられたとき，アイテムの 2 分割で，各分割（以下ではこれを分割 1, 2 とよぶ）に含まれているサイズの合計がなるべく均等になるものを求める．

　問題を明確化するために，数分割問題を整数最適化問題として定式化しておく．ア
イテム i が，分割 1 に含まれているとき 1,　分割 2 に含まれているとき 0 の 0-1 変数
x_i を導入する．問題の目的は，分割 1 に含まれるアイテムのサイズの合計と，サイズ
の合計の半分 $T = \sum_{i \in N} w_i/2$ からのずれを最小化することと言い換えることができる．
T との差を表す実数変数 s を導入すると，数分割問題は以下のように定式化できる．

$$\begin{aligned}
minimize \quad & |s| \\
s.t. \quad & \sum_{i \in N} w_i x_i - s = T \\
& x_i \in \{0, 1\} \qquad \forall i \in N \\
& s \in \mathbf{R}
\end{aligned}$$

目的関数の絶対値は線形ではないが，2 つの非負の実数変数 $s^+, s^-\ (\geq 0)$ を導入し，

$$s \leq s^+$$

$$-s \leq s^-$$

の制約の下で，

$$s^+ + s^-$$

を最小化することによって，線形に変形できる．

27.3 差分法

　この近似解法は，Karmarkar-Karp によって 1982 年に提案されたものであり，**差分
操作**（differencing）を用いることから**差分法**（differencing method）とよばれている．
　差分操作とは，2 つのアイテムを異なる分割に入れることを決定することである．具
体的には，2 つのアイテムのうち，サイズの大きい方から小さい方を引いたサイズを
もつアイテムを生成し，もとの 2 つのアイテムを消去する．Karmarkar-Karp の差分法
では，サイズの大きいアイテムを 2 つ選択し，差分操作を繰り返す．アルゴリズムは，
以下のようになる．

　1. アイテムをサイズの大きい順に並べたリストを作る．

　2. 残りのアイテム数が 2 以上なら，以下を繰り返す:

　　　i）$i :=$ サイズが最大のアイテム

　　　ii）$j :=$ 2 番目にサイズが大きいアイテム

　　　iii）サイズ $w_k := w_i - w_j$ のアイテム k を生成する．

　　　iv）i, j をリストから除き，k を加える．

上のアルゴリズムは，サイズの大きい順にアイテムを保管するためのリストとして
ヒープを用いれば $O(n \log n)$ 時間で終了する．得られた解は，アルゴリズムの途中で，
差分操作の際の情報を保管することによって復元できる．

コードを以下に示す．詳細については，拙著『メタヒューリスティクスの数理』（共
立出版）を参照されたい．

```python
def mk_part(adj, p1, p2, node):
    """make a partition of nodes from a graph, for the differencing_construct"""
    p1.append(node)
    for j in adj[node]:
        adj[j].remove(node)
        mk_part(adj, p2, p1, j)
    return p1, p2


def differencing_construct(data):
    """partition a list of items with the differencing method -- case of two ↵
     partitions"""

    # create heap with data and their indices
    # as we want decreasing order, we set -data[] as the key
    n = len(data)
    label = []
    for i in range(n):
        heappush(
            label, (-data[i], i)
        )  # added tuples have a -datum and its index in 'data'

    # differencing method: create graph with labels updated with differences
    edges = []
    while len(label) > 1:
        d1, i1 = heappop(label)
        d2, i2 = heappop(label)

        # calculate differences between two largest elements
        # update the label of the largest with the difference
        heappush(label, (d1 - d2, i1))
        edges.append((i1, i2))  # edge will force the two items in different ↵
    partitions

    # last element of the heap has the difference between the two partitions (i.e., ↵
      the objective)
    obj, _ = heappop(label)
    obj = -obj

    # create the partitions by going through the graph created
    nodes = list(range(n))
    adj = gts.adjacent(nodes, edges)
```

```
    p1, p2 = mk_part(adj, [], [], 0)

    # make a list with the weights for each partition
    d1 = [data[i] for i in p1]
    d2 = [data[i] for i in p2]
    return obj, d1, d2
```

```
data = [int(random.random() * 10000.0) for i in range(200)]
n = len(data)

print("differencing_construct: case of two partitions")
obj, p1, p2 = differencing_construct(data)
print("Objective function=", obj)
print(p1)
print(p2)
```

```
differencing_construct: case of two partitions
Objective function= 0
[9865, 2091, 4238, 4413, 6738, 4106, 3571, 5321, 289, 5428, 1372, 140, 8709, 3030, ↵
7020, 601, 7126, 726, 2690, 9281, 7327, 2043, 776, 9967, 1961, 8933, 5212, 3698, ↵
3044, 6986, 3289, 3769, 5933, 8130, 2463, 5895, 1635, 5106, 4519, 5106, 3294, 1012,↵
 162, 2528, 407, 65, 29, 7741, 6018, 3159, 9951, 4303, 7213, 7282, 2840, 3655, 449,↵
 8454, 7075, 5225, 4933, 6645, 9671, 4232, 368, 864, 8568, 7246, 5964, 1757, 7788, ↵
4988, 1222, 2255, 8104, 8520, 6270, 9415, 4954, 9181, 7911, 4990, 4763, 62, 493, ↵
2356, 6857, 7420, 8247, 7640, 7920, 2796, 2601, 6956, 9533, 6408, 9299, 2690, 8361,↵
 7567, 8207]
[4485, 2064, 4264, 21, 4087, 52, 3517, 5392, 5646, 1467, 8848, 2936, 7061, 7160, ↵
566, 686, 2708, 9263, 2047, 7323, 9112, 9979, 763, 1786, 5153, 3754, 3132, 6973, ↵
3214, 5941, 3762, 2468, 8124, 5898, 5114, 1483, 4660, 1176, 5041, 3357, 2597, 403, ↵
3189, 6072, 7686, 4335, 9919, 7310, 7185, 2911, 3584, 5254, 421, 8428, 7100, 4938, ↵
6640, 98, 9573, 8680, 4132, 340, 891, 7235, 1780, 5941, 7859, 4981, 1343, 2140, ↵
8034, 8544, 136, 6133, 9392, 9197, 4940, 7872, 5027, 4808, 553, 2313, 8299, 6764, ↵
7509, 7592, 7941, 2775, 2605, 6952, 9539, 6402, 9335, 2654, 8379, 8213, 7561, 6720,↵
 9794]
```

27.4 分割数が 3 以上の場合の差分法

　ここでは，分割数 m が 3 以上の場合の数分割問題を考える．まず，差分法の拡張を考えよう．

　各分割にアイテムの部分集合を割り振ったものを部分解とよぶ．各アイテムを適当な分割に割り振り，他の $m-1$ 個の分割はすべて空の部分解から始める．各分割に割り振られたアイテムのサイズの合計を，分割のサイズとよぶ．部分解は，分割のサイズを m 個並べたものとして表現される．ここでは便宜上非減少順に並べるものとする．最初の部分解は，n 個（アイテムの個数）だけあり，$(0, 0, \ldots, 0, w_i)$ と表現される．部

分解のサイズを，最大の分割のサイズから最小の分割のサイズを減じたもの（分割の
サイズの最大差）と定義する.

　部分解を大きい順に保管するリスト（ヒープ）を作成し，大きいものから 2 つ取り
出して差分操作を行う．取り出した部分解を x_1, x_2 とする．新しい部分解は，分割の
サイズの最大差を最小にするように，以下のように生成される．x_1 の最もサイズの大
きい分割と x_2 の最もサイズの小さい分割に含まれているアイテムを入れた新しい分割
を生成する．次に，x_1 の 2 番目に大きい分割と x_2 の 2 番目に小さい分割から新しい
分割を生成する．以下同様に繰り返し，最後に x_1 の最も小さい分割と x_2 の最も大き
い分割を合わせる．このようにして生成された新しい部分解を x_1, x_2 のかわりにヒー
プに挿入し，ヒープに含まれる要素の数が 1 になるまで繰り返す.

　コードは以下のようになる.

```python
def multi_differencing_construct(data, m):
    """partition a list of items with the differencing method for more than two ↵
     partitions"""

    n = len(data)

    # create a heap to hold tuples with the information required by the algorithm
    # each 3-tuple has (a,b,c) where
    #    a -- label
    #    b -- list of the lists of items on each partition
    #    c -- sum of the weights on each partition (for ordering them)
    # eg: heap = [(-4, [[10], [8, 5], [14]], [10, 13, 14]), (-1, [[], [], [1]], [0,↵
     0, 1]), ...]
    # print("log of the execution with multi_differencing_construct:")
    heap = []
    for i in range(n):
        datum = data[i]
        part = [[] for p in range(m)]  # initially, all partitions are empty
        sums = [0 for p in range(m)]
        part[-1].append(datum)  # insert one item on the last partition
        sums[-1] = datum  # update the sum of weights for last partition
        label = -datum  # as the heap is in increasing order
        heappush(heap, (label, part, sums))

    # differencing method
    while len(heap) > 1:
        # join two elements with largest weights in the heap
        label1, part1, sums1 = heappop(heap)
        label2, part2, sums2 = heappop(heap)

        # on each element sort the sets of items by the
        # corresponding sum
        tmp = []
```

```
    for p in range(m):
        part = part1[p] + part2[-1 - p]  # join the lists of items by reverse ↵
order
        sums = sums1[p] + sums2[-1 - p]  # update the sum of weights in each ↵
list
        tmp.append((sums, part))
    tmp.sort()  # sort by increasing order of weights
    sums = [i for (i, _) in tmp]  # extract the sum of item's weights
    part = [p for (_, p) in tmp]  # extract the lists of items

    label = (
        sums[0] - sums[-1]
    )  # the new label is the different between the farthest sums of weights
    heappush(heap, (label, part, sums))

# last element of the heap has the two partitions, the sums
# difference between the two partitions (i.e., the objective)
obj, part, sums = heappop(heap)
obj = -obj

return obj, part, sums
```

27.5 複数装置スケジューリング問題

分割数 m が 3 以上の数分割問題は，m 台の並列機械（同じ性能をもつ機械）にアイテムのサイズと同じ処理時間をもつジョブを割り当てる問題と考えることができる．ただし，ジョブの処理は途中で中断してはいけないものと考え，最後のジョブが完了する時刻を最小化することを目的とする．この問題は，**複数装置スケジューリング問題**（multi-processor scheduling problem）とよばれ，多くのヒューリスティクスが提案されているが，ここでは**最大処理時間ヒューリスティクス**（longest processing time (LPT) heuristics）を紹介する．

まず，m 台の装置に何もジョブが割り振られていない状態から開始する．この場合の，各装置の完了時刻はすべて 0 である．次に，ジョブを処理時間（数分割問題においてはアイテムのサイズ）の大きい順に並べ，順に取り出す．取り出されたジョブが，最も完了時刻の早い（同点は適当に破る）装置に割り振られ，処理を開始する．割り振られた装置の完了時刻は，ジョブの処理時間だけ大きくなる．この操作をすべてのジョブが割り振られるまで繰り返す．

このヒューリスティクスは，最悪の場合の性能保証が示された最初の例であり，常に最適値の $\frac{4}{3} - \frac{1}{3m}$ 倍以下の近似値を算出することが示されている．ちなみに，差分法も最適値の $\frac{4}{3} - \frac{1}{3m}$ 倍以下の近似値を算出することが示されている．

コードは以下のようになる.

```python
def longest_processing_time(data_, m):
    """separate 'data' into 'm' partitions with longest_processing_time method"""

    # copy and sort data by decreasing order
    data = list(data_)
    data.sort()
    data.reverse()

    part = [[] for i in range(m)]  # initialize partition with empty lists
    weight = []  # heap with weights on each partition
    for p in range(m):
        heappush(weight, (0, p))

    # for each item, add it to the partition with least weight
    for item in data:
        w, p = heappop(weight)
        part[p].append(item)
        w += item
        heappush(weight, (w, p))
    sums = []
    for i in range(m):
        sums.append(sum(part[i]))
    obj = 0
    for i in sums[:-1]:
        for j in sums[1:]:
            obj = max(obj, abs(i - j))
    return obj, part, sums
```

分割数（機械の台数）が 5 の場合の差分法と最大処理時間ヒューリスティクスを比較
する.

```python
m = 5
print(f"differencing_construct: case of {m} partitions")
obj, part, sums = multi_differencing_construct(data, m)
print("Obj=",obj, "Sums=",sums)

print("\nlongest processing time heuristic""")
obj, part, sums = longest_processing_time(data, m)
print("Obj=", obj, "Sums=",sums)
```

```
differencing_construct: case of 5 partitions
Obj= 4 Sums= [199771, 199771, 199772, 199773, 199775]

longest processing time heuristic
Obj= 88 Sums= [199746, 199766, 199757, 199834, 199759]
```

結果を図示する関数 show_npp を作り, 結果を描画する.

```python
def show_npp(part):
    m = len(part)
    x = list(range(m))
    data = []
    max_length = 0
    for i in range(m):
        max_length = max(max_length, len(part[i]))
    matrix = np.zeros((max_length, m))
    for i in range(m):
        for j, val in enumerate(part[i]):
            matrix[j, i] = val

    for i in matrix:
        data.append(go.Bar(x=x, y=i, text=i, textposition="inside"))

    fig = go.Figure(data)
    fig.update_layout(barmode="stack", showlegend=False)
    return fig
```

```python
obj, part, sums = multi_differencing_construct(data, m)
fig = show_npp(part)
plotly.offline.plot(fig);
```

```python
from IPython.display import Image
Image("../figure/differencing.png")
```

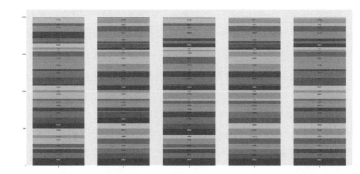

```python
obj, part, sums = longest_processing_time(data, m)
fig = show_npp(part)
plotly.offline.plot(fig);
```

```python
Image("../figure/lpt.png")
```

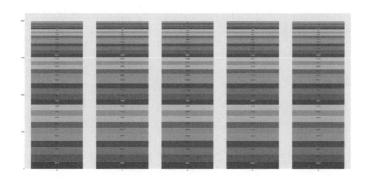

27.6 ビンパッキング問題を利用した解法

　数分割問題は，ビンパッキング問題と類似の構造をしている．ビンパッキング問題においては，ビンのサイズ（割り振られるアイテムのサイズの合計の上限）を固定して，ビンの個数（分割数）を最小化したが，数分割問題においては，分割数 m を固定して，分割に含まれるアイテムのサイズの合計を均等化する点が異なる．

　ビンパッキングに対しては，以下の first fit decreasing ヒューリスティクスが有効であることが知られている．

　アイテムをサイズの非増加順に並べ，その順にビンに詰めていく．このとき，アイテムは詰め込み可能な最小添字のビンに詰めるものとする．どのビンに入れてもサイズの上限 B を超えてしまうなら，新たなビンを用意し，そこに詰める．

　数分割問題は，ビンパッキング問題の first fit decreasing ヒューリスティクスをサブルーチンとして解くことができる．この解法は，multifit 法とよばれ，以下のように記述できる．

　ビンのサイズ B を適当な値に固定すると，ビンの個数を最小化する問題は，ビンパッキング問題になる．これを first fit decreasing ヒューリスティクスで解き，そのときのビンの数が分割数 m より大きいときには，ビンのサイズを大きくし，小さいときにはビンのサイズを小さくして，再びビンパッキング問題を解く．最良のビンのサイズは，適当な方法（たとえば 2 分探索）で得ることができるので，分割数 m に対する最小のビンのサイズが，数分割問題の近似解になる．

　このヒューリスティクスに対する性能保証は，$m = 2$ のとき 8/7，$m = 3$ のとき 15/13，$m = 4, 5, 6, 7$ のとき 20/17，$m \geq 8$ のとき 13/11 であることが示されている．差分法は，最悪値解析の観点では multifit にやや劣るが，平均的には最大処理時間ヒューリスティクスや multifit より優れた性能を示すことが知られている．

以下のコードの FFD（first fit decreasing ヒューリスティクス）は，ビンパッキング
の章で用いたものと同じである．

```python
def FFD(s, B):
    """First Fit Decreasing heuristics for the Bin Packing Problem.
    Parameters:
        - s: list with item widths
        - B: bin capacity
    Returns a list of lists with bin compositions.
    """
    remain = [B]  # keep list of empty space per bin
    sol = [[]]  # a list ot items (i.e., sizes) on each used bin
    for item in sorted(s, reverse=True):
        for (j, free) in enumerate(remain):
            if free >= item:
                remain[j] -= item
                sol[j].append(item)
                break
        else:  # does not fit in any bin
            sol.append([item])
            remain.append(B - item)
    return sol
```

```python
def multi_fit(data, m):
    LB = sum(data) / float(m)
    UB = sum(data) / float(m - 1)
    best = float(UB)
    best_sol = []
    best_sums = []
    while 1:
        sol = FFD(data, (UB + LB) / 2)
        if len(sol) == m:
            UB = (UB + LB) / 2.0
            sums = []
            for L in sol:
                sums.append(sum(L))
            obj = max(sums) - min(sums)
            best = min(best, obj)
            best_sums = sums
            best_sol = sol
        else:
            LB = (UB + LB) / 2.0
        if UB - LB <= 0.1:
            break
    return best, best_sol, best_sums
```

```python
m = 5
obj, part, sums = multi_fit(data, m)
print("Obj=",obj, "Sums=", sums)
```

Obj= 13 Sums= [199773, 199770, 199781, 199768, 199770]

```
fig = show_npp(part)
plotly.offline.plot(fig);
```

```
Image("../figure/multifit.png")
```

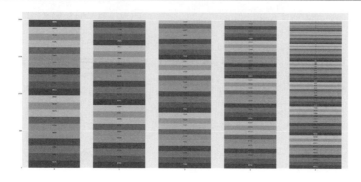

28 ナップサック問題

- ナップサック問題とその変形

28.1 準備

```
import random
import math
import matplotlib.pyplot as plt

from gurobipy import Model, quicksum, GRB, multidict
# from mypulp import Model, quicksum, GRB
```

28.2 整数ナップサック問題に対する動的最適化

最初に考えるのは**整数ナップサック問題**（integer knapsack problem）とよばれる問題である.

n 個のアイテムからなる有限集合 N, 各々の $i \in N$ の重量 $s_i \in \mathbf{Z}_+$ と価値 $v_i \in \mathbf{Z}_+$, およびナップサックの重量の上限 $b \in \mathbf{Z}_+$ が与えられたとき, アイテムの重量の合計が b を超えないようなアイテムの詰め合わせの中で, 価値の合計が最大のものを求めよ. ただし, 各アイテムは何個でもナップサックに詰めて良いものと仮定する.

この問題は, 非負の整数の値をとる変数 $x_i \in \{0, 1, 2, \cdots\} = \mathbf{Z}_+$ を用いて, 以下のように定式化できる.

$$
\begin{aligned}
maximize \quad & \sum_{i \in N} v_i x_i \\
s.t. \quad & \sum_{i \in N} s_i x_i \le b \\
& x_i \in \mathbf{Z}_+ \qquad i \in N
\end{aligned}
$$

動的最適化の特徴は，自明な部分問題からはじめて順次大きな部分問題を解いていく点にある．整数ナップサック問題の場合には，ナップサックの重量上限を制限した部分問題を考えれば良い．

ナップサックに入っているアイテムの重量が θ $(= 0, 1, 2, \cdots, b)$ 以下のときの最大価値を $f(\theta)$ と書くことにしよう．もとの問題の最適値は，重量が b 以下の中で最大の価値であるから $f(b)$ である．

$f(0) = 0$ は自明であり，さらに $f(b) = -\infty$ $(b < 0)$ と定義しておく．$f(\theta)$ は，θ から s_i だけ軽い重量が詰まっているナップサックにおける最大価値 $f(\theta - s_i)$ に v_i の価値を加えることによって得られる最大の価値であるので，

$$f(\theta) = \max_{i \in N} \{f(\theta - s_i) + v_i, 0\} \quad \theta = 1, 2, \ldots, b$$

の関係式が得られる．これが再帰方程式になる．

再帰方程式を辞書によるメモ化によって高速化したものが，動的最適化アルゴリズムである．辞書に，ナップサックに入れたアイテムの情報を保管することによって，最適解も得ることができる．

このアルゴリズムは，各 θ $(= 0, 1, \ldots, b)$ に対してアイテムの数 n だけの計算時間がかかるので，全体として $O(nb)$ 時間かかる．

この計算時間は，一見すると入力サイズの多項式関数に見えるが，実はナップサックの重量の上限 b の正確な入力サイズは，b でなく $\lceil \log_2 b \rceil$ なのである．ここで $\lceil \cdot \rceil$ は天井関数（ceiling function）であり，$\cdot$ 以上の最小の整数（切り上げ）を意味する．$\lceil \log_2 b \rceil$ を β とおくと，動的計画アルゴリズムの計算時間は $O(n2^\beta)$ となる．これは，正確な入力サイズ β 多項式関数ではない．ちなみに，このようなアルゴリズムを**擬多項式時間**（pseudo-polynomial time）アルゴリズムとよぶ．

再帰方程式をコードにすると以下のように書ける．

```python
def ikpdp(s, v, b):
    def f(b):
        if b == 0:
            return 0, -1
        if b < 0:
            return -999999, -1
        if b in memo:
            return memo[b]
        else:
            max_value = 0
            prev = -1
            for i, size in enumerate(s):
                if f(b - size)[0] + v[i] > max_value:
                    max_value = f(b - size)[0] + v[i]
                    prev = i
```

```
            memo[b] = max_value, prev
        return memo[b]

    memo = {}
    opt_val, prev = f(b)
    x = [0 for i in range(len(s))]
    while True:
        val, prev = memo[b]
        x[prev] += 1
        b -= s[prev]
        if b <= 0:
            break

    return opt_val, x
```

```
s = [2, 3, 4, 5]
v = [16, 19, 23, 28]
b = 7
opt_val, x = ikpdp(s, v, b)
print("Opt. value=", opt_val)
print("Sol.=", x)
```

```
Opt. value= 51
Sol.= [2, 1, 0, 0]
```

28.3 0-1 ナップサック問題に対する動的最適化

　この問題は上で考えた整数ナップサック問題とほぼ同じであるが，各アイテムが 1 個ずつしかない点が異なる.

> n 個のアイテムからなる有限集合 N，各々の $i \in N$ の重量 $s_i \in \mathbf{Z}_+$ と価値 $v_i \in \mathbf{Z}_+$，およびナップサックの重量の上限 $b \in \mathbf{Z}_+$ が与えられたとき，アイテムの重量の合計が b を超えないようなアイテムの詰め合わせの中で，価値の合計が最大のものを求めよ．ただし，各アイテムはナップサックに高々 1 個しか詰めることができないと仮定する.

　0-1 ナップサック問題は，アイテム $i(\in N)$ をナップサックに詰めるとき 1，それ以外のとき 0 になる 0-1 変数 x_i を使うと，以下の 0-1 整数最適化問題として定式化できる.

$$
\begin{aligned}
maximize \quad & \sum_{i \in N} v_i x_i \\
s.t. \quad & \sum_{i \in N} s_i x_i \le b \\
& x_i \in \{0, 1\} \qquad i \in N
\end{aligned}
$$

再帰方程式を得るために，ナップサックに入れる対象を k 番目までのアイテムに限定

したとき，重量の上限が θ 以下で価値の合計の最大のものを求める部分問題を考え，その最適値を $f(k,\theta)$ とする．もとの問題の最適値は $f(n,b)$ で計算できる．

部分問題間の関係より，$f(k,\theta)$ は，以下の再帰方程式によって計算可能である．

$$f(k,\theta) = \left\{ \begin{array}{ll} f(k-1,\theta) & 0 \le \theta < s_k \\ \max\{f(k-1,\theta), v_k + f(k-1,\theta - s_k)\} & s_k \le \theta \end{array} \right\} k = 1, 2, \ldots, n$$

上の再帰方程式を条件

$$f(0,\theta) = \left\{ \begin{array}{ll} 0 & 0 \le \theta < s_0 \\ v_0 & s_0 \le \theta \le b \end{array} \right.$$

の下で解くことによって $f(k,\theta)$ を $O(k\theta)$ 時間で得ることができる．したがって，0-1 ナップサック問題の最適値を $O(nb)$ 時間で求めることができる．

```python
def kpdp(s, v, b):
    def f(k, b):
        if b < 0:
            return -9999, 0
        if k == 0:
            if b >= s[0]:
                memo[0, b] = v[0], 1
                return memo[0, b]
            else:
                return 0, 0
        if (k, b) in memo:
            return memo[k, b]
        else:
            if f(k - 1, b)[0] < f(k - 1, b - s[k])[0] + v[k]:
                max_value = f(k - 1, b - s[k])[0] + v[k]
                sol = 1
            else:
                max_value = f(k - 1, b)[0]
                sol = 0
            memo[k, b] = max_value, sol
            return memo[k, b]

    memo = {}
    opt_val, sol = f(len(s) - 1, b)

    x = [0 for i in range(len(s))]
    for k in range(len(s) - 1, -1, -1):
        val, sol = memo[k, b]
        if sol == 1:
            x[k] += 1
        b -= s[k] * sol
        if b <= 0:
            break

    return opt_val, x
```

```
s = [2, 3, 4, 5]
v = [16, 19, 23, 28]
b = 7
opt_val, x = kpdp(s, v, b)
print("Opt. value=", opt_val)
print("Sol.=", x)
```

```
Opt. value= 44
Sol.= [1, 0, 0, 1]
```

28.4 多制約ナップサック問題

多制約（0-1）ナップサック問題は，以下のように定義される．

n 個のアイテムからなる有限集合 N，m 本の制約の添え字集合 M，各々のアイテム $j \in N$ の価値 $v_j(\geq 0)$，アイテム $j \in N$ の制約 $i \in M$ に対する重み $a_{ij}(\geq 0)$，および制約 $i \in M$ に対する制約の上限値 $b_i(\geq 0)$ が与えられたとき，選択したアイテムの重みの合計が各制約 $i \in M$ の上限値 b_i を超えないという条件の下で，価値の合計を最大にするように N からアイテムを選択する問題．

ナップサック問題は，アイテム $j(\in N)$ をナップサックに詰めるとき 1，それ以外のとき 0 になる 0-1 変数 x_j を使うと，以下のように整数最適化問題として定式化できる．

$$
\begin{aligned}
maximize \quad & \sum_{j \in N} v_j x_j \\
s.t. \quad & \sum_{j \in N} a_{ij} x_j \leq b_i \quad \forall i \in M \\
& x_j \in \{0, 1\} \quad \forall j \in N
\end{aligned}
$$

この問題は，制約が 1 本の問題（ナップサック問題）でも NP-困難である．ナップサック問題は，分枝限定法や動的最適化で容易に解くことができるが，制約の数が増えた場合には解くことが困難になる．多くの市販の汎用の（混合）整数最適化ソルバーは，線形最適化問題に対する単体法や内点法と，最も標準的に用いられる厳密解法である分枝限定法から構成されているが，中規模の問題例でも求解が困難になることがある．動的最適化は，与えられた数値データが小さな整数の場合には高速であるが，制約の数が増えたり，数値データがある程度大きな整数や実数であったりすると，求解が困難になる．

試しに，区間 $(0, 1]$ の一様乱数 $U(0, 1]$ を用いて以下のような（比較的難しいと言われている）問題例を作成してみた．制約式の係数 a_{ij} を $1 - 1000 \log_2 U(0, 1]$ とし，右辺定数 b_i を $0.25 \sum_j a_{ij}$，目的関数の係数 v_j を $10 \sum_i a_{ij}/m + 10U(0, 1]$ とする．

　2007 年に出版した本のために，そのとき使用していた市販の数理最適化ソルバーで
試したことがある．変数の数 *n* = 100，制約の数 *m* = 5 の問題例を求解したところ，2
時間かけても最適解を得ることができず，メモリ上限を超過してしまった．本書を書
くために，最新の混合整数最適化ソルバー Gurobi で試したところ，この程度の問題例
なら難なく最適解を得ることができた．もちろん，問題例の規模が増大すると厳密解
を得ることが難しくなるが，制限時間内に良好な近似解を得るには十分な性能である．
　多制約ナップサック問題のベンチマーク問題例は，以下のサイト（OR Library）か
ら入手することができる．

- http://people.brunel.ac.uk/~mastjjb/jeb/orlib/mknapinfo.html

　ただし，このベンチマーク問題例は古く，最新の数理最適化ソルバーには簡単すぎる．

```
a = {}
b, v = [], []
m = 5
n = 100
for i in range(m):
    sumA = 0.0
    for j in range(n):
        a[i, j] = 1.0 - math.log(random.random(), 2)
        sumA += a[i, j]
    b.append(0.25 * sumA)
for j in range(n):
    sumA = 0.0
    for i in range(m):
        sumA += a[i, j]
    v.append(10.0 * sumA / m + 10.0 * random.random())
```

```
J = list(range(n))
I = list(range(m))
model = Model("mkp")
x = {}
for j in J:
    x[j] = model.addVar(vtype="B", name=f"x(j)")
model.update()

for i in I:
    model.addConstr(quicksum(a[i, j] * x[j] for j in J) <= b[i], f"Capacity(i)")

model.setObjective(quicksum(v[j] * x[j] for j in J), GRB.MAXIMIZE)

model.optimize()
```

... (略) ...

```
Cutting planes:
  Cover: 43
  MIR: 8
  StrongCG: 8

Explored 9310 nodes (31253 simplex iterations) in 0.32 seconds
Thread count was 16 (of 16 available processors)

Solution count 6: 843.846 843.65 842.939 ... 632.565

Optimal solution found (tolerance 1.00e-04)
Best objective 8.438456534594e+02, best bound 8.438456534594e+02, gap 0.0000%
```

29 スケジューリング問題

- スケジューリング問題に対する定式化とソルバー

29.1 準備

```
import random
import math
from gurobipy import Model, quicksum, GRB, multidict
# from mypulp import Model, quicksum, GRB, multidict
```

関連動画 ▶

29.2 スケジューリング問題

スケジューリング問題（scheduling problem）とは，稀少資源（機械）を諸活動（ジョブ，タスク，仕事，作業，オペレーションなどの総称）へ（時間軸を考慮して）割り振るための方法に対する理論体系である．スケジューリングの応用は，工場内での生産計画，計算機におけるジョブのコントロール，プロジェクトの遂行手順の決定など，様々である．

以下では，スケジューリングに関連する様々な定式化と専用ソルバーについて述べる．

29.3 1機械リリース時刻付き重み付き完了時刻和最小化問題

1機械リリース時刻付き重み付き完了時刻和最小化問題 $1|r_j| \sum w_j C_j$ は，以下に定義される問題である．

単一の機械で n 個のジョブを処理する問題を考える．この機械は一度に 1 つのジョブしか処理できず，ジョブの処理を開始したら途中では中断できないものと仮定する．ジョブの集合の添え字を $j = 1, 2, \ldots, n$，ジョブの集合を $J = \{1, 2, \ldots, n\}$ と書く．各ジョブ j に対する処理時間 p_j，重要度を表す重み w_j，リリース時刻（ジョブの処理が開始できる最早時刻）r_j が与えられたとき，各ジョブ j の処理完了時刻 C_j の重み付きの和を最小にするようなジョブを機械にかける順番（スケジュール）を求めよ．

この問題は古くから多くの研究がなされているスケジューリング問題であり，NP-困難であることが知られている．ここでは，**離接定式化**（disjunctive formulation）とよばれる単純な定式化を示す．

ジョブ j の開始時刻を表す連続変数 s_j と，ジョブ j が他のジョブ k に先行する（前に処理される）とき 1 になる 0-1 整数変数 x_{jk} を用いる．

離接定式化は，非常に大きな数 M を用いると，以下のように書ける．

$$
\begin{aligned}
minimize \quad & \sum_{j=1}^{n} w_j s_j + \sum_{j=1}^{n} w_j p_j \\
s.t. \quad & s_j + p_j - M(1 - x_{jk}) \le s_k && \forall j \ne k \\
& x_{jk} + x_{kj} = 1 && \forall j < k \\
& s_j \ge r_j && \forall j = 1, 2, \ldots, n \\
& x_{jk} \in \{0, 1\} && \forall j \ne k
\end{aligned}
$$

目的関数は重み付き完了時刻の和 $\sum w_j(s_j + p_j)$ を展開したものであり，それを最小化している．展開した式の第 2 項は定数であるので，実際には第 1 項のみを最小化すれば良い．最初の制約は，x_{jk} が 1 のとき，ジョブ j の完了時刻 $s_j + p_j$ よりジョブ k の開始時刻 s_k が後になることを表す（x_{jk} が 0 のときには，M が大きな数なので制約にはならない）．2 番目の制約は，ジョブ j がジョブ k に先行するか，ジョブ k がジョブ j に先行するかの何れかが成立することを表す．これを**離接制約**（disjunctive constraint）とよぶ．これが離接定式化の名前の由来である．3 番目の制約は，ジョブ j の開始時刻 s_j がリリース時刻 r_j 以上であることを表す．

大きな数 M は，実際にはなるべく小さな値に設定すべきである．制約ごとに異なる M を設定するならば，$r_j + \sum s_j - s_k$，すべての制約で同じ M を用いるならば $\max(r_j) + \sum s_j$ とすれば十分である．

以下では，上の離接定式化を用いて 5 ジョブの例題を求解する．

```python
def make_data(n):
    """
    Data generator for the one machine scheduling problem.
    """
    p, r, d, w = {}, {}, {}, {}
```

```
    J = range(1, n + 1)

    for j in J:
        p[j] = random.randint(1, 4)
        w[j] = random.randint(1, 3)

    T = sum(p)
    for j in J:
        r[j] = random.randint(0, 5)
        d[j] = r[j] + random.randint(0, 5)

    return J, p, r, d, w


def scheduling_disjunctive(J, p, r, w):
    """
    scheduling_disjunctive: model for the one machine total weighted completion time ↵
      problem

    Disjunctive optimization model for the one machine total weighted
    completion time problem with release times.

    Parameters:
        - J: set of jobs
        - p[j]: processing time of job j
        - r[j]: earliest start time of job j
        - w[j]: weighted of job j,  the objective is the sum of the weighted ↵
      completion time

    Returns a model, ready to be solved.
    """
    model = Model("scheduling: disjunctive")
    M = max(r.values()) + sum(p.values())  # big M
    s, x = (
        {},
        {},
    )  # start time variable, x[j,k] = 1 if job j precedes job k, 0 otherwise
    for j in J:
        s[j] = model.addVar(lb=r[j], vtype="C", name="s(%s)" % j)
        for k in J:
            if j != k:
                x[j, k] = model.addVar(vtype="B", name="x(%s,%s)" % (j, k))
    model.update()

    for j in J:
        for k in J:
            if j != k:
                model.addConstr(
                    s[j] - s[k] + M * x[j, k] <= (M - p[j]), "Bound(%s,%s)" % (j, k)
```

```
                )

            if j < k:
                model.addConstr(x[j, k] + x[k, j] == 1, "Disjunctive(%s,%s)" % (j, k))

        model.setObjective(quicksum(w[j] * s[j] for j in J), GRB.MINIMIZE)

        model.update()
        model.__data = s, x
        return model
```

```
n = 5   # number of jobs
J, p, r, d, w = make_data(n)

model = scheduling_disjunctive(J, p, r, w)
model.optimize()
s, x = model.__data
z = model.ObjVal + sum([w[j] * p[j] for j in J])
print("Opt.value by Disjunctive Formulation:", z)
seq = [j for (t, j) in sorted([(int(s[j].X + 0.5), j) for j in s)]]
print("solition=", seq)
```

```
... (略) ...

Cutting planes:
  Gomory: 3
  Cover: 2
  Implied bound: 2
  MIR: 6
  RLT: 1

Explored 1 nodes (30 simplex iterations) in 0.02 seconds
Thread count was 16 (of 16 available processors)

Solution count 3: 37 42 52

Optimal solution found (tolerance 1.00e-04)
Best objective 3.700000000000e+01, best bound 3.700000000000e+01, gap 0.0000%
Opt.value by Disjunctive Formulation: 60.0
solition= [5, 1, 3, 4, 2]
```

29.4 1機械総納期遅れ最小化問題

1機械総納期遅れ最小化問題 $1||\sum T_j$ は，以下に定義される問題である．

単一の機械で n 個のジョブを処理する問題を考える．この機械は一度に 1 つのジョブしか処理できず，ジョブの処理を開始したら途中では中断できないものと仮定する．ジョブの添え字を $1, 2, \ldots, n$ と書く．各ジョブ j に対する処理時間 p_j，納期（ジョブが完了しなければならない時刻）d_j，が与えられたとき，各ジョブ j の納期からの遅れの和（総納期遅れ）を最小にするようなジョブを機械にかける順番（スケジュール）を求めよ．

この問題は，NP-困難であることが知られている．ここでは，大きな数 M を用いない定式化として**線形順序付け定式化**（linear ordering formulation）を考える．

ジョブ j の納期遅れを表す連続変数 T_j と，ジョブ j が他のジョブ k に先行する（前に処理される）とき 1 になる 0-1 整数変数 x_{jk} を用いる．

上の記号を用いると，線形順序付け定式化は，以下のように書ける．

$$minimize \quad \sum_j w_j T_j$$

$$s.t. \quad x_{jk} + x_{kj} = 1 \qquad \forall j < k$$

$$x_{jk} + x_{k\ell} + x_{\ell j} \leq 2 \qquad \forall j \neq k \neq \ell$$

$$\sum_{j=1}^{n} \sum_{k \neq j} p_k x_{kj} + p_j \leq d_j + T_j \quad \forall j = 1, 2, \ldots, n$$

$$x_{jk} \in \{0, 1\} \qquad \forall j \neq k$$

上の定式化において，目的関数は，各ジョブ j に対する納期遅れ T_j を重み w_j で乗じたものの和を最小化することを表す．最初の制約は，ジョブ j がジョブ k の前に処理されるか，その逆にジョブ k がジョブ j の前に処理されるかのいずれかが成立することを表す（ここまでは離接定式化と同じである）．2 番目の制約は，異なるジョブ j, k, ℓ に対して，ジョブ j がジョブ k に先行，ジョブ k がジョブ ℓ に先行，ジョブ ℓ がジョブ j に先行の 3 つが同時に成り立つことがないことを表す．この 2 つの制約によって，ジョブ上に線形順序（ジョブが一列に並べられること）が規定される．これが線形順序付け定式化の名前の由来である．3 番目の制約は，変数 x で規定される順序付けと納期遅れを表す変数 T を繋ぐための制約であり，ジョブ j の完了時刻が納期 d_j より超えている時間が納期遅れ T_j であることを規定する．

以下では，上の線形順序定式化を用いて 5 ジョブの例題を求解する．

```python
def scheduling_linear_ordering(J, p, d, w):
    """
    scheduling_linear_ordering: model for the one machine total weighted tardiness
      problem

    Model for the one machine total weighted tardiness problem
    using the linear ordering formulation

    Parameters:
```

```
    - J: set of jobs
    - p[j]: processing time of job j
    - d[j]: latest non-tardy time for job j
    - w[j]: weighted of job j,  the objective is the sum of the weighted ↵
  completion time

Returns a model, ready to be solved.
"""
model = Model("scheduling: linear ordering")

T, x = {}, {}  # tardiness variable,  x[j,k] =1 if job j precedes job k, =0 ↵
 otherwise
for j in J:
    T[j] = model.addVar(vtype="C", name="T(%s)" % (j))
    for k in J:
        if j != k:
            x[j, k] = model.addVar(vtype="B", name="x(%s,%s)" % (j, k))
model.update()

for j in J:
    model.addConstr(
        quicksum(p[k] * x[k, j] for k in J if k != j) - T[j] <= d[j] - p[j],
        "Tardiness(%r)" % (j),
    )

    for k in J:
        if k <= j:
            continue
        model.addConstr(x[j, k] + x[k, j] == 1, "Disjunctive(%s,%s)" % (j, k))

        for ell in J:
            if ell > k:
                model.addConstr(
                    x[j, k] + x[k, ell] + x[ell, j] <= 2,
                    "Triangle(%s,%s,%s)" % (j, k, ell),
                )

model.setObjective(quicksum(w[j] * T[j] for j in J), GRB.MINIMIZE)

model.update()
model.__data = x, T
return model
```

```
n = 5  # number of jobs
J, p, r, d, w = make_data(n)

model = scheduling_linear_ordering(J, p, d, w)
model.optimize()
z = model.ObjVal
```

```
x, T = model.__data
for (i, j) in x:
    if x[i, j].X > 0.5:
        print("x(%s) = %s" % ((i, j), int(x[i, j].X + 0.5)))
for i in T:
    print("T(%s) = %s" % (i, int(T[i].X + 0.5)))
print("Opt.value by the linear ordering formulation=", z)
```

```
... (略) ...

Explored 1 nodes (4 simplex iterations) in 0.01 seconds
Thread count was 16 (of 16 available processors)

Solution count 3: 17 19 44

Optimal solution found (tolerance 1.00e-04)
Best objective 1.700000000000e+01, best bound 1.700000000000e+01, gap 0.0000%
x((2, 1)) = 1
x((2, 4)) = 1
x((2, 5)) = 1
x((3, 1)) = 1
x((3, 2)) = 1
x((3, 5)) = 1
x((4, 1)) = 1
x((4, 3)) = 1
x((4, 5)) = 1
x((5, 1)) = 1
T(1) = 7
T(2) = 0
T(3) = 3
T(4) = 0
T(5) = 4
Opt.value by the linear ordering formulation= 17.0
```

29.5 順列フローショップ問題

順列フローショップ問題（permutation flow shop problem）$F|prmu|C_{max}$ は，以下に定義される問題である．

> n 個のジョブを m 台の機械で順番に処理することを考える．この機械は一度に 1 つのジョブしか処理できず，ジョブの処理を開始したら途中では中断できないものと仮定する．いま，各機械におけるジョブの処理順序が同一であるとしたとき，最後の機械 m で最後に処理されるジョブの完了時刻を最小にする処理順を求めよ．

ここでは，この問題に対する**位置データ定式化**（positional data formulation）とよば

れる定式化を示す.

　いま，n 個のジョブ（添え字は j）と m 台の機械（添え字は i）があり，各ジョブは，機械 $1, 2, \ldots, m$ の順番で処理されるものとする（これがフローショップとよばれる所以である）．ジョブ j の機械 i 上での処理時間を p_{ij} とする．ジョブの追い越しがないので，解はジョブの投入順序，いいかえれば順列で表現できる（これが順列フローショップとよばれる所以である）．ジョブを並べたときの順番を κ で表すことにし，順番を表す変数 $x_{j\kappa}$ を用いる.

　$x_{j\kappa}$ は，ジョブ j が κ 番目に投入されるとき 1 になる 0-1 変数であり，$s_{i\kappa}$ は，機械 i の κ 番目に並べられているジョブの開始時刻を表す実数変数であり，$f_{i\kappa}$ は，機械 i の κ 番目に並べられているジョブの完了（終了）時刻を表す実数変数である.

　この定式化は，ジョブ自身の開始時刻ではなく，機械にかかるジョブの順番（位置）に対する開始時刻や終了時刻のデータを用いるので，位置データ定式化とよばれる.

　定式化は以下のようになる.

$$
\begin{aligned}
& minimize && f_{mn} \\
& s.t. && \sum_{\kappa} x_{j\kappa} = 1 && \forall j = 1, 2, \ldots, n \\
& && \sum_{j} x_{j\kappa} = 1 && \forall \kappa = 1, 2, \ldots, n \\
& && f_{i\kappa} \le s_{i,\kappa+1} && \forall i = 1, 2, \ldots, m, \kappa = 1, 2, \ldots, n-1 \\
& && s_{i\kappa} + \sum_{j} p_{ij} x_{j\kappa} \le f_{i\kappa} && \forall i = 1, 2, \ldots, m, \kappa = 1, 2, \ldots, n \\
& && f_{i\kappa} \le s_{i+1,\kappa} && \forall i = 1, 2, \ldots, m-1, \kappa = 1, 2, \ldots, n \\
& && x_{j\kappa} \in \{0, 1\} && \forall j = 1, 2, \ldots, n, \kappa = 1, 2, \ldots, n \\
& && s_{i\kappa} \ge 0 && \forall i = 1, 2, \ldots, m, \kappa = 1, 2, \ldots, n \\
& && f_{i\kappa} \ge 0 && \forall i = 1, 2, \ldots, m, \kappa = 1, 2, \ldots, n
\end{aligned}
$$

上の定式化において，目的関数は最後の機械 (m) の最後の（n 番目の）ジョブの完了時刻を最小化している．最初の制約は，各ジョブがいずれかの位置（順番）に割り当てられることを表す．2 番目の制約は，各位置（場所）にいずれかのジョブが割り当てられることを表す．3 番目の制約は，κ 番目のジョブの完了時刻より $\kappa + 1$ 番目のジョブの開始時刻が遅いことを表す．4 番目の制約は，機械 i の κ 番目のジョブの開始時刻と完了時刻の関係を規定する制約であり，ジョブの位置を表す変数 x と開始（終了）時刻を表す変数 $s(f)$ を繋ぐ制約である．これは，$x_{j\kappa}$ が 1 のときに処理時間が p_{ij} になることから導かれる．5 番目の制約は，機械 i 上で κ 番目に割り当てられたジョブの完了時刻より，機械 $i + 1$ 上で κ 番目に割り当てられたジョブの開始時刻が遅いことを表す.

以下では，ジョブ数 15，機械数 10 の例題を求解する.

```python
def permutation_flow_shop(n, m, p):
    """ permutation_flow_shop problem
    Parameters:
        - n: number of jobs
        - m: number of machines
        - p[i,j]: processing time of job i on machine j
    Returns a model, ready to be solved.
    """
    model = Model("permutation flow shop")
    x, s, f = {}, {}, {}
    for j in range(1, n + 1):
        for k in range(1, n + 1):
            x[j, k] = model.addVar(vtype="B", name="x(%s,%s)" % (j, k))

    for i in range(1, m + 1):
        for k in range(1, n + 1):
            s[i, k] = model.addVar(vtype="C", name="start(%s,%s)" % (i, k))
            f[i, k] = model.addVar(vtype="C", name="finish(%s,%s)" % (i, k))
    model.update()

    for j in range(1, n + 1):
        model.addConstr(
            quicksum(x[j, k] for k in range(1, n + 1)) == 1, "Assign1(%s)" % (j)
        )
        model.addConstr(
            quicksum(x[k, j] for k in range(1, n + 1)) == 1, "Assign2(%s)" % (j)
        )

    for i in range(1, m + 1):
        for k in range(1, n + 1):
            if k != n:
                model.addConstr(f[i, k] <= s[i, k + 1], "FinishStart(%s,%s)" % (i, k))
            if i != m:
                model.addConstr(f[i, k] <= s[i + 1, k], "Machine(%s,%s)" % (i, k))

            model.addConstr(
                s[i, k] + quicksum(p[i, j] * x[j, k] for j in range(1, n + 1))
                <= f[i, k],
                "StartFinish(%s,%s)" % (i, k),
            )

    model.setObjective(f[m, n], GRB.MINIMIZE)

    model.update()
    model.__data = x, s, f
    return model
```

```python
def make_data_permutation_flow_shop(n, m):
    """make_data: prepare matrix of m times n random processing times"""
    p = {}
    for i in range(1, m + 1):
        for j in range(1, n + 1):
            p[i, j] = random.randint(1, 10)
    return p
```

```python
n = 15
m = 10
p = make_data_permutation_flow_shop(n, m)

model = permutation_flow_shop(n, m, p)
model.optimize()
x, s, f = model.__data
print("Opt.value=", model.ObjVal)
```

```
... (略) ...

Cutting planes:
  Gomory: 4
  MIR: 16
  Flow cover: 14

Explored 94493 nodes (3386238 simplex iterations) in 20.96 seconds
Thread count was 16 (of 16 available processors)

Solution count 10: 140 141 142 ... 158

Optimal solution found (tolerance 1.00e-04)
Best objective 1.400000000000e+02, best bound 1.400000000000e+02, gap 0.0000%
Opt.value= 140.0
```

29.6 ジョブショップスケジューリング問題

ジョブショップスケジューリング問題 $J||C_{max}$ は，以下のように定義される古典的なスケジューリング問題である．

> ジョブを $J_1, J_2, \ldots, J_n$，ジョブ J_j に属するオペレーションを $O_{1j}, O_{2j}, \ldots, O_{mjj}$，機械を $M_1, M_2, \ldots, M_m$ とする．オペレーションは $O_{1j}, O_{2j}, \ldots, O_{mjj}$ の順で処理されなければならず，オペレーション O_{ij} を処理するには機械 μ_{ij} を作業時間 p_{ij} だけ占有する．オペレーションが途中で中断できないという仮定の下で，最後のオペレーションが完了する時刻を最小化する各機械上でのオペレーションの処理順序を求める問題．

　この問題は 中規模な問題例でさえ数理最適化ソルバーで解くことは難しい. 実務的な付加条件のほとんどを考慮したスケジューリング最適化システムとして OptSeq が開発されている. OptSeq についての詳細は, 付録 1 を参照されたい.

　ジョブショップスケジューリングのベンチマーク問題例も, OptSeq を使用すると比較的容易に良い解を得ることができる.

　例として, OR-Lib.（`http://people.brunel.ac.uk/~mastjjb/jeb/orlib/jobshopinfo.html`）にあるベンチマーク問題例を読み込んで解いてみよう.

　例として ft06.txt を用いる. このデータは, 以下のテキストファイルである.

```
 6  6
 2  1  0  3  1  6  3  7  5  3  4  6
 1  8  2  5  4 10  5 10  0 10  3  4
 2  5  3  4  5  8  0  9  1  1  4  7
 1  5  0  5  2  5  3  3  4  8  5  9
 2  9  1  3  4  5  5  4  0  3  3  1
 1  3  3  3  5  9  0 10  4  4  2  1
```

　得られた最大完了時刻 55 は最適値である.

```
def jssp(fname="../data/jssp/ft06.txt"):
    """
    ジョブショップスケジューリング問題のベンチマーク問題例
    """
    f = open(fname, "r")
    lines = f.readlines()
    f.close()
    n, m = map(int, lines[0].split())
    print("n,m=", n, m)

    model = Model()
    act, mode, res = {}, {}, {}
    for j in range(m):
        res[j] = model.addResource(f"machine[{j}]", capacity=1)

    # prepare data as dic
    machine, proc_time = {}, {}
    for i in range(n):
        L = list(map(int, lines[i + 1].split()))
        for j in range(m):
            machine[i, j] = L[2 * j]
            proc_time[i, j] = (L[2 * j], L[2 * j + 1])

    for i, j in proc_time:
        act[i, j] = model.addActivity(f"Act[{i}{j}]")
        mode[i, j] = Mode(f"Mode[{i}{j}]", proc_time[i, j][1])
        mode[i, j].addResource(res[proc_time[i, j][0]], 1)
        act[i, j].addModes(mode[i, j])
```

```
    for i in range(n):
        for j in range(m - 1):
            model.addTemporal(act[i, j], act[i, j + 1])

    model.Params.TimeLimit = 1
    model.Params.Makespan = True
    return model
```

```
from optseq import *

model = jssp("../data/jssp/ft06.txt")
model.Params.TimeLimit = 1
model.optimize()
```

```
n,m= 6 6

=============== Now solving the problem ===============


Solutions:
    source   ---     0     0
      sink   ---    55    55
   Act[00]   ---     5     6
   Act[01]   ---     6     9
   Act[02]   ---    16    22
   Act[03]   ---    30    37
   Act[04]   ---    42    45
   Act[05]   ---    49    55
   Act[10]   ---     0     8
   Act[11]   ---     8    13
   Act[12]   ---    13    23
   Act[13]   ---    28    38
   Act[14]   ---    38    48
   Act[15]   ---    48    52
   Act[20]   ---     0     5
   Act[21]   ---     5     9
   Act[22]   ---     9    17
   Act[23]   ---    18    27
   Act[24]   ---    27    28
   Act[25]   ---    42    49
   Act[30]   ---     8    13
   Act[31]   ---    13    18
   Act[32]   ---    22    27
   Act[33]   ---    27    30
   Act[34]   ---    30    38
   Act[35]   ---    45    54
   Act[40]   ---    13    22
   Act[41]   ---    22    25
```

```
Act[42]    ---    25    30
Act[43]    ---    38    42
Act[44]    ---    48    51
Act[45]    ---    52    53
Act[50]    ---    13    16
Act[51]    ---    16    19
Act[52]    ---    19    28
Act[53]    ---    28    38
Act[54]    ---    38    42
Act[55]    ---    42    43
```

■ 29.6.1 OR-tools を用いた求解

Google が開発している OR-tools を用いると，制約伝播を用いて最適解を出すことが可能である．OR-tools についての詳細は，以下を参照されたい．

https://developers.google.com/optimization

```
fname = "../data/jssp/ft06.txt"
f = open(fname, "r")
lines = f.readlines()
f.close()
n, m = map(int, lines[0].split())
print("n,m=", n, m)

# prepare data
machine, proc_time = {}, {}
for i in range(n):
    L = list(map(int, lines[i + 1].split()))
    for j in range(m):
        machine[i, j] = L[2 * j]
        proc_time[i, j] = (L[2 * j], L[2 * j + 1])
jobs_data = []
for i in range(n):
    row = []
    for j in range(m):
        row.append((machine[i, j], proc_time[i, j][1]))
    jobs_data.append(row)
```

n,m= 6 6

```
import collections
from ortools.sat.python import cp_model

model = cp_model.CpModel()

machines_count = 1 + max(task[0] for job in jobs_data for task in job)
all_machines = range(machines_count)
```

```
# Computes horizon dynamically as the sum of all durations.
horizon = sum(task[1] for job in jobs_data for task in job)

# Named tuple to store information about created variables.
task_type = collections.namedtuple("task_type", "start end interval")
# Named tuple to manipulate solution information.
assigned_task_type = collections.namedtuple(
    "assigned_task_type", "start job index duration"
)

# Creates job intervals and add to the corresponding machine lists.
all_tasks = {}
machine_to_intervals = collections.defaultdict(list)

for job_id, job in enumerate(jobs_data):
    for task_id, task in enumerate(job):
        machine = task[0]
        duration = task[1]
        suffix = "_%i_%i" % (job_id, task_id)
        start_var = model.NewIntVar(0, horizon, "start" + suffix)
        end_var = model.NewIntVar(0, horizon, "end" + suffix)
        interval_var = model.NewIntervalVar(
            start_var, duration, end_var, "interval" + suffix
        )
        all_tasks[job_id, task_id] = task_type(
            start=start_var, end=end_var, interval=interval_var
        )
        machine_to_intervals[machine].append(interval_var)

# Create and add disjunctive constraints.
for machine in all_machines:
    model.AddNoOverlap(machine_to_intervals[machine])

# Precedences inside a job.
for job_id, job in enumerate(jobs_data):
    for task_id in range(len(job) - 1):
        model.Add(
            all_tasks[job_id, task_id + 1].start >= all_tasks[job_id, task_id].end
        )

# Makespan objective.
obj_var = model.NewIntVar(0, horizon, "makespan")
model.AddMaxEquality(
    obj_var,
    [all_tasks[job_id, len(job) - 1].end for job_id, job in enumerate(jobs_data)],
)
model.Minimize(obj_var)

# Solve model.
solver = cp_model.CpSolver()
```

```
status = solver.Solve(model)

if status == cp_model.OPTIMAL:
    # Create one list of assigned tasks per machine.
    assigned_jobs = collections.defaultdict(list)
    for job_id, job in enumerate(jobs_data):
        for task_id, task in enumerate(job):
            machine = task[0]
            assigned_jobs[machine].append(
                assigned_task_type(
                    start=solver.Value(all_tasks[job_id, task_id].start),
                    job=job_id,
                    index=task_id,
                    duration=task[1],
                )
            )

    # Create per machine output lines.
    output = ""
    for machine in all_machines:
        # Sort by starting time.
        assigned_jobs[machine].sort()
        sol_line_tasks = "Machine " + str(machine) + ": "
        sol_line = "           "

        for assigned_task in assigned_jobs[machine]:
            name = "job_%i_%i" % (assigned_task.job, assigned_task.index)
            # Add spaces to output to align columns.
            sol_line_tasks += "%-10s" % name

            start = assigned_task.start
            duration = assigned_task.duration
            sol_tmp = "[%i,%i]" % (start, start + duration)
            # Add spaces to output to align columns.
            sol_line += "%-10s" % sol_tmp

        sol_line += "\n"
        sol_line_tasks += "\n"
        output += sol_line_tasks
        output += sol_line

    # Finally print the solution found.
    print("Optimal Schedule Length: %i" % solver.ObjectiveValue())
    print(output)
```

```
Optimal Schedule Length: 55
Machine 0: job_0_1    job_3_1    job_2_3    job_5_3    job_1_4    job_4_4
           [1,4]      [13,18]    [19,28]    [28,38]    [38,48]    [48,51]
Machine 1: job_1_0    job_3_0    job_5_0    job_0_2    job_4_1    job_2_4
```

	[0,8]	[8,13]	[13,16]	[16,22]	[22,25]	[41,42]
Machine 2:	job_0_0	job_2_0	job_1_1	job_4_0	job_3_2	job_5_5
	[0,1]	[2,7]	[8,13]	[13,22]	[22,27]	[42,43]
Machine 3:	job_2_1	job_5_1	job_3_3	job_0_3	job_1_5	job_4_5
	[7,11]	[16,19]	[27,30]	[30,37]	[48,52]	[52,53]
Machine 4:	job_1_2	job_4_2	job_3_4	job_5_4	job_0_5	job_2_5
	[13,23]	[25,30]	[30,38]	[38,42]	[42,48]	[48,55]
Machine 5:	job_2_2	job_5_2	job_1_3	job_0_4	job_4_3	job_3_5
	[11,19]	[19,28]	[28,38]	[38,41]	[41,45]	[45,54]

29.7 資源制約付きプロジェクトスケジューリング問題

様々なスケジューリング問題を一般化した資源制約付き（プロジェクト）スケジューリング問題を考える.

■ 29.7.1 資源制約付きスケジューリング問題

ジョブの集合 *Job*, 各時間ごとの使用可能量の上限をもつ資源 *Res* が与えられている. 資源は，ジョブごとに決められた作業時間の間はジョブによって使用されるが，作業完了後は，再び使用可能になる. ジョブ間に与えられた時間制約を満たした上で，ジョブの作業開始時刻に対する任意の関数の和を最小化するような，資源のジョブへの割り振りおよびジョブの作業開始時刻を求める.

時刻を離散化した期の概念を用いた定式化を示す.

まず，定式化で用いる集合，入力データ，変数を示す.

集合:
- *Job*: ジョブの集合. 添え字は j, k
- *Res*: 資源の集合. 添え字は r
- *Prec*: ジョブ間の時間制約を表す集合. $Job \times Job$ の部分集合で，$(j, k) \in Prec$ のとき，ジョブ j とジョブ k の開始（完了）時刻間に何らかの制約が定義されるものとする

入力データ:
- T: 最大の期数. 期の添え字は $t = 1, 2, \ldots, T$. 連続時間との対応づけは，時刻 $t-1$ から t までを期 t と定義する. なお，期を表す添え字は t の他に s も用いる.
- p_j: ジョブ j の処理時間. 非負の整数を仮定
- $Cost_{jt}$: ジョブ j を期 t に開始したときの費用
- a_{jrt}: ジョブ j の開始後 $t (= 0, 1, \ldots, p_j - 1)$ 期経過時の処理に要する資源 r の量
- RUB_{rt}: 時刻 t における資源 r の使用可能量の上限

変数:

- x_{jt}: ジョブ j を時刻 t に開始するとき 1, それ以外のとき 0 を表す 0-1 変数

以下に資源制約付きスケジューリング問題の定式化を示す.

- 目的関数:

$$minimize \sum_{j \in Job} \sum_{t=1}^{T-p_j+1} Cost_{jt} x_{jt}$$

- ジョブ遂行制約:

$$\sum_{t=1}^{T-p_j+1} x_{jt} = 1 \quad \forall j \in Job$$

すべてのジョブは必ず 1 度処理されなければならないことを表す.

- 資源制約:

$$\sum_{j \in Job} \sum_{s=\max\{t-p_j+1,1\}}^{\min\{t,T-p_j+1\}} a_{jr,t-s} x_{js} \le RUB_{rt} \quad \forall r \in Res, t \in \{1,2,\ldots,T\}$$

ある時刻 t に作業中であるジョブの資源使用量の合計が, 資源使用量の上限を超えないことを規定する. 時刻 t に作業中であるジョブは, 時刻 $t-p_j+1$ から t の間に作業を開始したジョブであるので, 上式を得る.

- 時間制約:

ジョブ j の開始時刻 S_j は $\sum_{t=2}^{T-p_j+1}(t-1)x_{jt}$ であるので, 完了時刻 C_j はそれに p_j を加えたものになる. ジョブの対 $(j,k) \in Prec$ に対しては, ジョブ j,k の開始（完了）時刻間に何らかの制約が付加される. たとえば, ジョブ j の処理が終了するまで, ジョブ k の処理が開始できないことを表す先行制約は,

$$\sum_{t=2}^{T-p_j+1}(t-1)x_{jt} + p_j \le \sum_{t=2}^{T-p_k+1}(t-1)x_{kt} \quad \forall(j,k) \in Prec$$

と書くことができる. ここで, 左辺の式は, ジョブ j の完了時刻を表し, 右辺の式はジョブ k の開始時刻を表す.

以下に, 数理最適化ソルバー Gurobi を用いたモデルを示す. 実際には, Gurobi では中規模問題例までしか解くことができない. ジョブショップスケジューリング問題と同様に, OptSeq や OR-tools を用いることによって求解できる.

ただし, 実務の問題はさらなる付加条件がつくことが多い. OptSeq は, より一般的なスケジューリング問題をモデル化できるように設計されている.

```
from gurobipy import Model, quicksum, GRB, multidict
# from mypulp import Model, quicksum, GRB, multidict

def rcs(J, P, R, T, p, c, a, RUB):
    """rcs -- model for the resource constrained scheduling problem
```

```
Parameters:
    - J: set of jobs
    - P: set of precedence constraints between jobs
    - R: set of resources
    - T: number of periods
    - p[j]: processing time of job j
    - c[j,t]: cost incurred when job j starts processing on period t.
    - a[j,r,t]: resource r usage for job j on period t (after job starts)
    - RUB[r,t]: upper bound for resource r on period t
Returns a model, ready to be solved.
"""
model = Model("resource constrained scheduling")
s, x = {}, {}  # s - start time variable,  x=1 if job j starts on period t
for j in J:
    s[j] = model.addVar(vtype="C", name="s(%s)" % j)
    for t in range(1, T - p[j] + 2):
        x[j, t] = model.addVar(vtype="B", name="x(%s,%s)" % (j, t))
model.update()

for j in J:
    # job execution constraints
    model.addConstr(
        quicksum(x[j, t] for t in range(1, T - p[j] + 2)) == 1,
        "ConstrJob(%s,%s)" % (j, t),
    )

    # start time constraints
    model.addConstr(
        quicksum((t - 1) * x[j, t] for t in range(2, T - p[j] + 2)) == s[j],
        "ConstrJob(%s,%s)" % (j, t),
    )

# resource upper bound constraints
for t in range(1, T - p[j] + 2):
    for r in R:
        model.addConstr(
            quicksum(
                a[j, r, t - t_] * x[j, t_]
                for j in J
                for t_ in range(max(t - p[j] + 1, 1), min(t + 1, T - p[j] + 2))
            )
            <= RUB[r, t],
            "ResourceUB(%s)" % t,
        )

# time (precedence) constraints, i.e., s[k]-s[j] >= p[j]
for (j, k) in P:
    model.addConstr(s[k] - s[j] >= p[j], "Precedence(%s,%s)" % (j, k))

model.setObjective(quicksum(c[j, t] * x[j, t] for (j, t) in x), GRB.MINIMIZE)
```

```
    model.update()
    model.__data = x, s
    return model


def make_1r():
    J, p = multidict(
        {  # jobs, processing times
            1: 1,
            2: 3,
            3: 2,
            4: 2,
        }
    )
    P = [(1, 2), (1, 3), (2, 4)]
    R = [1]
    T = 6
    c = {}
    for j in J:
        for t in range(1, T - p[j] + 2):
            c[j, t] = 1 * (t - 1 + p[j])
    a = {
        (1, 1, 0): 2,
        (2, 1, 0): 2,
        (2, 1, 1): 1,
        (2, 1, 2): 1,
        (3, 1, 0): 1,
        (3, 1, 1): 1,
        (4, 1, 0): 1,
        (4, 1, 1): 2,
    }
    RUB = {(1, 1): 2, (1, 2): 2, (1, 3): 1, (1, 4): 2, (1, 5): 2, (1, 6): 2}
    return (J, P, R, T, p, c, a, RUB)


def make_2r():
    J, p = multidict(
        {  # jobs, processing times
            1: 2,
            2: 2,
            3: 3,
            4: 2,
            5: 5,
        }
    )
    P = [(1, 2), (1, 3), (2, 4)]
    R = [1, 2]
    T = 6
    c = {}
```

```
for j in J:
    for t in range(1, T - p[j] + 2):
        c[j, t] = 1 * (t - 1 + p[j])
a = {
    # resource 1:
    (1, 1, 0): 2,
    (1, 1, 1): 2,
    (2, 1, 0): 1,
    (2, 1, 1): 1,
    (3, 1, 0): 1,
    (3, 1, 1): 1,
    (3, 1, 2): 1,
    (4, 1, 0): 1,
    (4, 1, 1): 1,
    (5, 1, 0): 0,
    (5, 1, 1): 0,
    (5, 1, 2): 1,
    (5, 1, 3): 0,
    (5, 1, 4): 0,
    # resource 2:
    (1, 2, 0): 1,
    (1, 2, 1): 0,
    (2, 2, 0): 1,
    (2, 2, 1): 1,
    (3, 2, 0): 0,
    (3, 2, 1): 0,
    (3, 2, 2): 0,
    (4, 2, 0): 1,
    (4, 2, 1): 2,
    (5, 2, 0): 1,
    (5, 2, 1): 2,
    (5, 2, 2): 1,
    (5, 2, 3): 1,
    (5, 2, 4): 1,
}
RUB = {
    (1, 1): 2,
    (1, 2): 2,
    (1, 3): 2,
    (1, 4): 2,
    (1, 5): 2,
    (1, 6): 2,
    (1, 7): 2,
    (2, 1): 2,
    (2, 2): 2,
    (2, 3): 2,
    (2, 4): 2,
    (2, 5): 2,
    (2, 6): 2,
    (2, 7): 2,
```

```
    }
    return (J, P, R, T, p, c, a, RUB)
```

```
(J,P,R,T,p,c,a,RUB) = make_2r()
model = rcs(J,P,R,T,p,c,a,RUB)
model.optimize()
x,s = model.__data

print ("Opt.value=",model.ObjVal)
for (j,t) in x:
    if x[j,t].X > 0.5:
        print (x[j,t].VarName,x[j,t].X)

for j in s:
    if s[j].X > 0.:
        print (s[j].VarName,s[j].X )
```

```
... (略) ...

Explored 0 nodes (0 simplex iterations) in 0.01 seconds
Thread count was 1 (of 16 available processors)

Solution count 1: 22

Optimal solution found (tolerance 1.00e-04)
Best objective 2.200000000000e+01, best bound 2.200000000000e+01, gap 0.0000%
Opt.value= 22.0
x(1,1) 1.0
x(2,3) 1.0
x(3,3) 1.0
x(4,5) 1.0
x(5,1) 1.0
s(2) 2.0
s(3) 2.0
s(4) 4.0
```

30 乗務員スケジューリング問題

- 乗務員スケジューリング問題に対する切除平面法とパス生成法と実際問題

関連動画▶

30.1 準備

```
from gurobipy import Model, quicksum, GRB
#from mypulp import Model, quicksum, GRB

from collections import OrderedDict, defaultdict
import networkx as nx
```

30.2 乗務員スケジューリング問題

> 開始時刻と終了時刻が決まっている N 個のタスクを，K 人の等質な乗務員で処理する
> ことを考える．乗務員の稼働時間（タスクを処理する時間とタスク間の移動時間の合計）
> の上限制約がある下で，タスク間の移動費用の合計を最小化するスケジュールを求めよ．

もとになった論文やデータは以下のサイト（OR Library）を参照されたい．

http://people.brunel.ac.uk/ mastjjb/jeb/orlib/cspinfo.html

■ 30.2.1 切除平面法による定式化

- N: タスクの数
- K: 乗務員の数
- s_i, f_i: タスク i の開始時刻と終了時刻
- c_{ij}: タスク i の直後にタスク j を処理したときの移動時間（費用）
- x_{ij}: タスク i の直後にタスク j を処理しとき 1，それ以外のとき 0

タスクを点，タスク間の移動を枝としたネットワークを作り，ダミーの始点 0 とダミーの終点 $N+1$ を追加しておく．

$$
\begin{aligned}
minimize \quad & \sum_{i,j} c_{ij} x_{ij} \\
s.t. \quad & \sum_{j} x_{ji} = \sum_{j} x_{ij} \quad \forall i = 1, 2, \ldots, N \\
& \sum_{j} x_{ij} = 1 \qquad \forall i = 1, 2, \ldots, N \\
& \sum_{j} x_{0j} = K
\end{aligned}
$$

最初の制約は，乗務員の移動のフロー整合条件である．2 番目の制約は，各タスクが必ず何れかの乗務員によって処理されなければならないことを表す．3 番目の制約は，始点から出る乗務員の数がちょうど K 人であることを表す．

上の定式化には，乗務員の移動時間の上限制約が含まれていない．この制約は，切除平面として追加する．

まず，データを読み込み，データ構造を準備する．ネットワークは networkX の有向グラフで表現し，移動費用 weight と移動時間にタスクの終了時刻と開始時刻の差を加えた時間 time を枝上に保管しておく．これ（time）は，パス型の定式化で用いる．

```
fname = "../data/csp/csp50.txt"
f = open(fname, "r")
lines = f.readlines()
n_tasks, time_limit = map(int, lines[0].split())
print("Number of tasks", n_tasks, "Time limit=", time_limit)
K = 27 #number of crews
```

```
Number of tasks 50 Time limit= 480
```

```
start, finish = OrderedDict(), OrderedDict()
for t in range(1, n_tasks + 1):
    start[t], finish[t] = map(int, lines[t].split())
```

```
D = nx.DiGraph()
#タスク間の移動費用の読み込み
for line in lines[1 + n_tasks :]:
    tail, head, cost = map(int, line.split())
    D.add_edge(tail, head, weight=cost, time=start[head]-start[tail])
#ダミーの始点からタスクへの枝
for t in range(1, n_tasks + 1):
    D.add_edge(0, t, weight=0, time=0)
#タスクからダミーの終点への枝
for t in range(1, n_tasks + 1):
    D.add_edge(t, n_tasks + 1, weight=0, time=finish[t]-start[t])
```

切除平面用のコールバック関数を準備する.

```python
def csp_callback(model, where):
    if where != GRB.Callback.MIPSOL:
        return
    SolGraph = nx.DiGraph()
    for (i, j) in x:
        if model.cbGetSolution(x[i, j]) > 0.1:
            SolGraph.add_edge(i, j)

    for path in nx.all_simple_paths(SolGraph, source=0, target=n_tasks + 1):
        i = path[1]
        t_sum = finish[i] - start[i]
        for j in path[2:-1]:
            t_sum += finish[j] - start[j]
            t_sum += max(start[j] - finish[i], 0)
            i = j
        if t_sum > time_limit:
            edges = []
            i = path[0]
            for j in path[1:]:
                edges.append((i, j))
                i = j
            model.cbLazy(quicksum(x[i, j] for (i, j) in edges) <= len(edges) - 1)
    return
```

```python
model = Model()
x = {}
for (i, j) in D.edges():
    x[i, j] = model.addVar(vtype="B", name=f"x[{i},{j}]")
model.update()
for i in range(1, n_tasks + 1):
    model.addConstr(
        quicksum(x[i, j] for j in D.successors(i)) == 1, name=f"task_execution[{i}]"
    )
for i in range(1, n_tasks + 1):
    model.addConstr(
        quicksum(x[j, i] for j in D.predecessors(i))
        == quicksum(x[i, j] for j in D.successors(i)),
        name=f"flow_conservation[{i}]",
    )
model.addConstr(quicksum(x[0, j] for j in D.successors(0)) == K)
model.setObjective(quicksum(D[i][j]["weight"] * x[i, j] for (i, j) in x), GRB.MINIMIZE)

model.Params.DualReductions = 0
model.params.LazyConstraints = 1
model.optimize(csp_callback)
```

```
Changed value of parameter DualReductions to 0
```

```
   Prev: 1  Min: 0  Max: 1  Default: 1
Changed value of parameter LazyConstraints to 1
   Prev: 0  Min: 0  Max: 1  Default: 0

... （略）...

Cutting planes:
  Gomory: 10
  MIR: 3
  Flow cover: 23
  Inf proof: 111
  Zero half: 42
  RLT: 4
  Lazy constraints: 1625

Explored 215041 nodes (1496446 simplex iterations) in 51.87 seconds
Thread count was 16 (of 16 available processors)

Solution count 7: 3139 3140 3245 ... 3768

Optimal solution found (tolerance 1.00e-04)
Best objective 3.139000000000e+03, best bound 3.139000000000e+03, gap 0.0000%

User-callback calls 440681, time in user-callback 2.65 sec
```

```
%matplotlib inline
SolGraph = nx.DiGraph()
for (i, j) in x:
    if x[i, j].X > 0.1:
        SolGraph.add_edge(i, j)
SolGraph.remove_node(0)
SolGraph.remove_node(n_tasks + 1)
nx.draw(SolGraph, pos=nx.spring_layout(SolGraph))
```

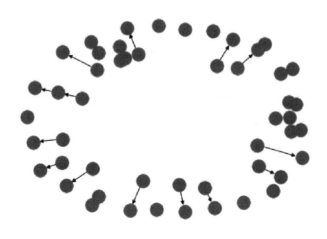

上の切除平面法は，時間制約がきつい場合には不向きである．実際にベンチマーク問題例を調べてみると，時間制約が非常にきつい．そのような場合には，時間制約を満たすパスをあらかじめ生成しておくアプローチが良いと考えられる．同じ問題でも，問題例（インスタンス；問題に数値を入れたもの）によって解法を使い分ける必要があるのだ．

時間制約を満たすパスを列挙する関数を準備しておく．

```python
def k_th_sp(G, source, sink, k, weight="weight", time_limit=time_limit):
    """
    Find k-th shortest paths and returns path and its cost
    """
    time_list, path_list = [], []
    for i, p in enumerate(nx.shortest_simple_paths(G, source, sink, weight=weight)):
        if i >= k:
            break
        v = p[0]
        time = 0.0
        for w in p[1:]:
            time += G[v][w][weight]
            v = w
        if time > time_limit:
            break
        time_list.append(time)
        path_list.append(tuple(p))
    return time_list, path_list
```

次に，タスクを含むパスの集合を辞書 Paths に保管し，パスの費用 C を計算しておく．

```
time_list, path_list = k_th_sp(D, 0, n_tasks + 1, 100000, weight="time")

C = {}
Paths = defaultdict(set)
for p, path in enumerate(path_list):
    cost_ = 0
    for j in range(1, len(path) - 1):
        cost_ += D[path[j]][path[j + 1]]["weight"]
        Paths[path[j]].add(p)
    C[p] = cost_
```

定式化に必要なパラメータと変数を定義しておく.

- P : パスの集合
- C_p: パス p の費用
- $Paths_i$: タスク i を処理するパスの集合
- X_p: パス p を選択したとき 1, それ以外のとき 0

  パス型定式化は, 以下のようになる.

$$minimize \quad \sum_p C_p X_p$$
$$s.t. \quad \sum_{p \in Paths_i} X_p \geq 1 \quad \forall i = 1, 2, \ldots, N$$
$$\sum_p X_p = K$$

上の定式化を用いて求解する.

```
model = Model()
X = {}
for p in C:
    X[p] = model.addVar(vtype="B", name=f"x({p})")
model.update()
for t in range(1, n_tasks + 1):
    model.addConstr(quicksum(X[p] for p in Paths[t]) >= 1)
model.addConstr(quicksum(X[p] for p in X) == K)
model.setObjective(quicksum(C[p] * X[p] for p in X), GRB.MINIMIZE)

model.optimize()

print(model.ObjVal)
```

```
... (略) ...

Explored 0 nodes (110 simplex iterations) in 0.02 seconds
Thread count was 16 (of 16 available processors)
```

```
Solution count 1: 3139

Optimal solution found (tolerance 1.00e-04)
Best objective 3.139000000000e+03, best bound 3.139000000000e+03, gap 0.0000%
3139.0
```

```
SolGraph = nx.DiGraph()
for p in X:
    if X[p].X > 0.01:
        for j in range(1, len(path_list[p]) - 2):
            SolGraph.add_edge(path_list[p][j], path_list[p][j + 1])
nx.draw(SolGraph, pos=nx.spring_layout(SolGraph))
```

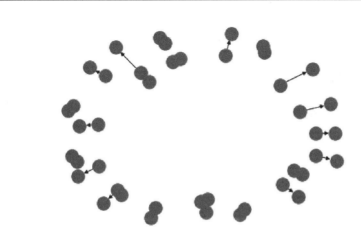

同等の解が，より高速に得られた．

30.3 航空機産業における乗務員スケジューリング問題

航空機産業は，乗務員スケジューリング問題が最も有効に活用されている分野である．
航空機産業において，処理すべきタスクの集合は，以下の4つの階層に分けると考
えやすい．

- 便および回送: **便** (flight, flight segment) とは，航空機がある空港を決められた時刻
  に出発し，途中で着陸することなしに飛行し，別の空港に決められた時刻に到着す
  ることを表す．
- **回送** (deadhead) とは，乗務員（パイロット，パーサーなど）が便に乗客として乗
  るか，他の移動手段で空港間を移動することを指す．
- 任務: **任務** (duty) とは，1日の乗務員のスケジュールを表し，1つ以上の便および

回送とその間の休息時間から構成される.

- ペアリング: **ペアリング**（paring, rotation）とは，ある出発地点（home base）から出発し，再び同じ出発地点に戻る乗務員のスケジュールを表し，1 つ以上の任務とその間の休息期間から構成される. おおむね 1 週間の乗務員のスケジュールを表す.

- 個別月間ブロック: **個別月間ブロック**（personalized monthly block）とは，月間の乗務員のスケジュールを表し，1 つ以上のペアリングとその間の休息期間，長期休暇，待機期間などから構成される. 勤務表（rostering）ともよばれる.

以下では，ペアリングと個別月間ブロックを生成する最適化モデルを紹介する.

■ 30.3.1 乗務員ペアリング問題

乗務員ペアリング問題（crew paring problem）は，各便をすべてカバーするように乗務員のペアリング（1 週間程度のスケジュール）を作成する. これには，列生成法が用いられる. 任務を点とし，点に利益（双対変数）が与えられたネットワーク上のパスを求めることによって列が生成される. パスは，業務上の様々な制約を考慮する必要があるため，航空機会社ごとに設計される.

集合:

- P: 実行可能なペアリングの集合
- F: 便の集合
- F_p: ペアリング $p \in P$ に含まれる便の集合

パラメータ:

- c_p: ペアリング $p \in P$ に対する費用. 通常は，ペアリングに含まれる便の費用の合計，TAFB（time away from base）に時給を乗じたもの，最低賃金の最大値に待ち時間を加えて計算する.

変数:

- x_p: ペアリング $p \in P$ を採用するとき 1，それ以外のとき 0

上の記号を用いると，乗務員ペアリング問題は以下のように定式化できる.

$$
\begin{aligned}
minimize \quad & \sum_{p \in P} c_p x_p \\
s.t. \quad & \sum_{p : f \in F_p} x_p \geq 1 \quad \forall f \in F \\
& x_p \in \{0, 1\} \quad \forall p \in P
\end{aligned}
$$

ペアリングの総数は膨大になるので，実際の求解には，列生成法が用いられる.

■ 30.3.2 乗務員割当問題

個別月間ブロック割当問題（monthly block assignment problem）は**乗務員割当問題**

(crew assignment problem) ともよばれ，乗務員ペアリング問題で決められたペアリングを，個々の乗務員に割り振る問題である．

この問題は，航空機会社によって異なる方式で解決される．

- 入札問題（bidline problem）：乗務員の個人の情報を用いないで，すべてのペアリングをカバーする個別月間ブロックを作成する．その後で，得られた個別月間ブロックを乗務員ごとに決められた優先順位の順（通常は年齢順）に選択していく．この方式は，主に北米の航空機会社で採用されている．我が国のトラック業界では，しばしばカルタ取り方式とよばれている．

- 乗務員勤務表問題 (crew rostering problem)：乗務員の個々の要求（desiderata）に基づき個別月間ブロックを作成する．この方法は，ヨーロッパにおいて主流である．

以下では，典型的な乗務員割当問題に対する定式化を示す．

集合:

- F: 便の集合
- P: 実行可能なペアリングの集合．上の乗務員ペアリング問題で求めてあると仮定する
- L: 乗務員（パイロットもしくはキャビンクルー）の集合
- S_ℓ: 乗務員 $\ell \in L$ に対する実行可能な個別スケジュールの集合
- V_ℓ: 乗務員 $\ell \in L$ が選好する休暇の集合
- B_ℓ: 乗務員 $\ell \in L$ が選好する便の集合

パラメータ:

- C_s^ℓ: 乗務員 $\ell \in L$ がスケジュール s を遂行したときの費用．選好する便や休暇を考慮して決定する
- n_p: ペアリング p に必要な乗務員の数
- u: 選好する便数の下限
- w: 選好する休暇数の下限
- $e_p^{s,\ell}$: ペアリング p が乗務員 ℓ のスケジュール s に含まれるとき 1，それ以外のとき 0 の定数
- η_f^p: 便 f がペアリング p に含まれるとき 1，それ以外のとき 0 の定数
- $\zeta_v^{s,\ell}$: 休暇 v が乗務員 ℓ のスケジュール s に含まれるとき 1，それ以外のとき 0 の定数

変数:

- x_s^ℓ: 乗務員 $\ell \in L$ がスケジュール $s \in S_\ell$ を遂行するとき 1，それ以外のとき 0

上の記号を用いると，乗務員勤務表問題は以下のように定式化できる．

$$\text{minimize} \quad \sum_{\ell \in L} \sum_{s \in S_\ell} C_s^\ell x_s^\ell$$

$$\text{s.t.} \quad \sum_{\ell \in L} \sum_{s \in S_\ell} e_p^{s,\ell} x_s^\ell \geq n_p \qquad \forall p \in P$$

$$\sum_{s \in S_\ell} x_s^\ell \leq 1 \qquad \forall \ell \in L$$

$$\sum_{\ell \in L} \sum_{f \in B_\ell} \sum_{s \in S_\ell} \sum_{p \in P} \eta_f^p e_p^{s,\ell} x_s^\ell \geq u$$

$$\sum_{\ell \in L} \sum_{v \in V_\ell} \sum_{s \in S_\ell} \zeta_v^{s,\ell} x_s^\ell \geq w$$

$$x_s^\ell \in \{0, 1\} \qquad \forall \ell \in L, s \in S_\ell$$

可能なスケジュールの総数は膨大になるので，実際の求解には，列生成法を用いる．

31 シフトスケジューリング問題

- 定式化とソルバー

関連動画

31.1 準備

```
from gurobipy import Model, quicksum, GRB
# from mypulp import Model, quicksum, GRB
from collections import OrderedDict, defaultdict
import networkx as nx
```

31.2 シフト最適化問題

様々な最適化のベンチマーク問題例を収集しているサイトとしては，昔からある OR-Library (http://people.brunel.ac.uk/~mastjjb/jeb/info.html) が有名だ．1990 年に開始したこのライブラリには，論文で実験された問題のデータが配布されている．昔は，専用のアルゴリズムを作成してやっと解けていた問題が，今では数理最適化ソルバーを使って比較的簡単に解けるようになっている．簡単な練習問題ではなく，もっと難しい問題に挑戦したい人には，このライブラリはうってつけだ．

ここでは，以下のシフト最適化問題を解いてみる．

> 複数のジョブを作業員に割り当てたい．ジョブには開始時刻と終了時刻が与えられており，ジョブの処理には 1 人の作業員が必要で，同時に 2 つのジョブの処理はできないものとする．作業員には固定費用があり，使用する作業員の総固定費用を最小化せよ．

もとになった論文やデータは以下のサイトを参照されたい．

http://people.brunel.ac.uk/~mastjjb/jeb/orlib/ptaskinfo.html

■ 31.2.1 定式化

- J: ジョブの集合
- W: 作業員の集合
- b_w: 作業員 w の固定費用（ベンチマーク問題例ではすべて 1）
- s_j, f_j: ジョブ j の開始時刻と終了時刻
- J_w: 作業員 w が遂行できるジョブの集合
- W_j: ジョブ j を処理できる作業員の集合
- $G = (J, E)$: ジョブを点とし，2 つの区間 $[s_i, f_i]$ と $[s_j, f_j]$ に共通部分があったときに，枝 (i, j) をはったグラフ（区間グラフ）
- C: 区間グラフ $G = (J, E)$ に対する極大クリークの集合
- J_c: クリーク（完全部分グラフ）c に含まれるジョブの集合
- x_{jw}: ジョブ j が作業員 w に割り当てられるとき 1, それ以外のとき 0
- y_w: 作業員 w が使われるとき 1, それ以外のとき 0

$$minimize \quad \sum_{w \in W} b_w y_y$$
$$s.t. \quad \sum_{w \in W_j} x_{jw} = 1 \qquad \forall j \in J$$
$$\sum_{j \in (J_c \cap J_w)} x_{jw} \le y_w \quad \forall w \in W, c \in C$$

最初の制約は，すべてのジョブが処理されなければならないことを表す．2 番目の制約は，クリークに含まれるジョブは，高々 1 人の作業員にしか割り当てられないことと割り当てられた作業員は使われなければならないことを同時に表す．

まず，データを読み込んで準備をする．

```
fname = "../data/ptask/data_10_51_111_66.dat"
f = open(fname, "r")
lines = f.readlines()
f.close()
```

```
n_jobs = int(lines[4].split()[2])
print("number of jobs=", n_jobs)
start, finish = OrderedDict(), OrderedDict()
for j in range(n_jobs):
    start[j], finish[j] = map(int, lines[5 + j].split())
```

```
number of jobs= 111
```

```
n_workers = int(lines[5 + n_jobs].split()[2])
print("number of workers=", n_workers)
Jobs = defaultdict(set)
for w in range(n_workers):
```

```
    line = lines[6 + n_jobs + w].split()
    for j in line[1:]:
        Jobs[w].add(int(j))
```

number of workers= 51

2つのジョブの開始時刻と終了時刻に重なりがあるかどうか判定する関数を作っておく.

```
def intersect(j, k):
    if start[j] > start[k]:
        j, k = k, j
    if finish[j] > start[k]:
        return True
    else:
        return False
```

ジョブを点とした交差グラフを生成する. このグラフのクリーク (完全部分グラフ) が, 同時に処理できないジョブの集合になる.

```
G = nx.Graph()
for j in range(n_jobs):
    for k in range(j + 1, n_jobs):
        if intersect(j, k):
            G.add_edge(j, k)
```

networkX を用いて極大クリークを列挙しておく.

```
Cliques = []
for c in nx.find_cliques(G):
    Cliques.append(set(c))
print("Number of cliques=", len(Cliques))
```

Number of cliques= 32

```
model = Model()
x, y = {}, {}
for w in range(n_workers):
    y[w] = model.addVar(vtype="B", name=f"y[{w}]")
    for j in Jobs[w]:
        x[j, w] = model.addVar(vtype="B", name=f"x[{j},{w}]")
model.update()
for j in range(n_jobs):
    model.addConstr(
        quicksum(x[j, w] for w in range(n_workers) if (j, w) in x) == 1,
        name=f"job_assign[{j}]",
    )
for w in range(n_workers):
    for j, c in enumerate(Cliques):
        model.addConstr(
```

```
            quicksum(x[j, w] for j in Jobs[w].intersection(c)) <= y[w],
            name=f"connection[{{j}},{{w}}]",
    )
model.setObjective(quicksum(y[w] for w in range(n_workers)), GRB.MINIMIZE)
model.optimize()
```

```
print("Optimal value=", model.ObjVal)
```

31.3 ナーススケジューリング問題

　典型的な**ナーススケジューリング問題**（nurse scheduling problem）では，以下の制約が付加される．

- 毎日の各勤務（昼，夕，夜）の必要人数
- 各ナースに対して 30 日間の各勤務日数の上下限
- 指定休日，指定会議日
- 連続 7 日間に，最低 1 日の休日，最低 1 日の昼
- 禁止パターン：3 連続夜，4 連続夕，5 連続昼，夜勤明けの休日以外，夕の直後の昼あるいは会議，休日–勤務–休日
- 夜は 2 回連続で行う
- 2 つのチームの人数をできるだけ均等化

　このような付加条件が課されたナーススケジューリング問題は，制約最適化ソルバー SCOP で簡単に定式化できる．

　ナース i の日 d におけるシフトを表す変数 X_{id} （領域は昼，夕，夜，休暇の集合）を用いる．

　対応する値変数 x_{ids} は 0-1 変数であり，ナース i の d 日のシフトが s のとき 1 になる．

　制約を式で表現する．

- 毎日の各勤務（昼，夕，夜）の必要人数

　日 d のシフト s の必要人数を L_{ds} とする．

$$\sum_i x_{ids} \geq L_{ds} \quad \forall d, s$$

- 各ナースに対して 30 日間の各勤務日数の上下限

　休暇以外のシフト集合を W，下限と上限を LB, UB とする．

$$LB \leq \sum_{d, s \in W} x_{ids} \leq UB \quad \forall i$$

- 指定休日，指定会議日

ナース i が休日を希望する日の集合を R_i とする.

$$\sum_{d \in R_i, s \in W} x_{ids} \leq 0 \quad \forall i$$

- 連続 7 日間に, 最低 1 日の休日, 最低 1 日の昼

  d 日から始まる連続 7 日間の集合を $C7_d$ とする. 休日(値は r)の制約だけ記述する.

$$\sum_{t \in C7_d} x_{itr} \geq 1 \quad \forall i, d$$

- 禁止パターン: 3 連続夜, 4 連続夕, 5 連続昼, 夜勤明けの休日以外, 夕の直後の昼あるいは会議, 休日-勤務-休日

  例として 3 連続夜勤の場合の制約を考える. 夜勤の値を n, d 日から始まる連続 3 日間の集合を $C3_d$ とする.

$$\sum_{t \in C3_d} x_{itn} \leq 2 \quad \forall i, d$$

- 夜は 2 回連続で行う

  夜勤以外のシフトの集合を N とする.

$$\sum_{s \in N} x_{ids} + x_{i,d+1,n} + \sum_{s \in N} x_{i,d+2,s} \leq 2 \quad \forall i, d$$

- 2 つのチームの人数をできるだけ均等化

  1 つのチームに含まれるナースの集合を T とし, 以下の制約を考慮制約とする.

$$\sum_{i \in T} x_{ids} = \sum_{i \notin T} x_{ids} \quad \forall d, s$$

- シフトの開始期と終了期の情報がほしい場合

  以下の変数を追加する.

- Z_{id}: ナース i が日 d に開始するシフト(連続してシフトを行う場合のダミーのシフトを領域に追加しておく). 対応する値変数 z_{ids} は, ナース i がシフト s を日 d に開始するとき 1

- W_{id}: ナース i が日 d に終了するシフト(連続してシフトを行う場合のダミーのシフトを領域に追加しておく). 対応する値変数 w_{ids} は, ナース i がシフト s を日 d に終了するとき 1

$$z_{ids} \leq x_{ids} \qquad\qquad \forall i, d, s$$
$$z_{ids} - w_{i,d-1,s} = x_{ids} - x_{i,d-1,s} \quad \forall i, d, s$$

ナーススケジューリングの国際コンペティション(First International Nurse Rostering Competition 2010)では, SCOP は 3 つの異なるトラックですべてメダル(2 位, 3 位, 4 位)を獲得している.

31.4 業務割当を考慮したシフトスケジューリング問題

　実際のシフト最適化においては，複数の日（たとえば 1 ヶ月）にスタッフを割り当てる必要がある．このとき，各日の各時間帯においてどのような業務をどのスタッフに割り当てるかを決めたい．もちろん，日や時間帯によって，各業務の遂行に必要な人数は異なる．このような諸条件を考慮した最適化は，問題依存であり，一般には難しい．

　実務から発生した諸条件を組み込んだシフトシフト最適化システムとして OptShift（https://www.logopt.com/optshift/）が開発されている．これは，制約最適化ソルバー SCOP を用いたものであり，大規模な実際問題に対する実用的な解を，現実的な計算時間で算出する．

32 起動停止問題

- 起動停止問題に対する定式化とシステム

関連画像

32.1 起動停止問題

起動停止問題（unit commitment problem）とは，発電機の起動と停止を最適化するためのモデルであり，各日の電力需要を満たすように時間ごとの発電量を決定する．

定式化のためには，動的ロットサイズ決定問題に以下の条件を付加する必要がある．

- 一度火を入れると α 時間は停止できない．
- 一度停止すると β 時間は再稼働できない．

この制約の定式化が実用化のための鍵になるので，簡単に説明しておく．

集合:
- P: 発電機（ユニット）の集合

変数:
- y_t^P: 期 t に発電機 p が稼働するとき 1
- z_t^P: 期 t に発電機 p が稼働を開始（switch-on）するとき 1
- w_t^P: 期 t に発電機 p が停止を開始（switch-off）するとき 1

上の変数の関係は以下の式で表すことができる．

$$z_t^P \le y_t^P \qquad \forall p \in P, t = 1, 2, \ldots, T$$
$$z_t^P - w_t^P = y_t^P - y_{t-1}^P \quad \forall p \in P, t = 1, 2, \ldots, T$$

変数の関係は以下のようになる．

- 開始したら最低でも α 期は連続稼働:
  $\Rightarrow$「期 t に稼働していない」**ならば**「$t - \alpha + 1$ から t までは開始できない」
  $\Rightarrow y_t^P$ ならば $z_s^P = 0 \, (\forall s = t - \alpha + 1, \ldots, t)$

変数	$t-3$	$t-2$	$t-1$	t	$t+1$	$t+2$	$t+3$
y_t	0	0	0	1	1	1	0
z_t	0	0	0	1	0	0	0
w_t	0	0	0	0	0	0	1

$$\sum_{s=t-\alpha+1}^{t} z_s^p \le y_t^p \quad \forall t = \alpha, \alpha+1, \ldots, T$$

弱い定式化:

⇒ 「期 t に開始した」 **ならば** 「t から $t+\alpha+1$ までは稼働」

$$\alpha z_t^p \le \sum_{s=t}^{t+\alpha-1} y_t^p \quad \forall t = 1, 2, \ldots, T+1-\alpha$$

• 稼働を終了したら，再び稼働を開始するためには，β 期以上:

⇒ 「期 t に稼働した」 **ならば** 「$t-\beta+1$ から t までは終了できない」

⇒ $y_t^p = 1$ ならば $w_s^p = 0$ $(\forall s = t-\beta+1, \ldots, t)$

$$\sum_{s=t-\beta+1}^{t} w_s^p \le 1 - y_t^p \quad \forall t = \beta, \beta+1, \ldots, T$$

弱い定式化:

⇒ 「期 t に停止した」 **ならば** 「t から $t+\beta-1$ までは稼働しない」

$$\beta w_t^p \le \sum_{s=t}^{t+\beta-1} (1 - y_t^p) \quad \forall t = 1, 2, \ldots, T+1-\beta$$

ベンチマーク問題が以下のサイトで管理されている．

https://github.com/power-grid-lib/pglib-uc

本格的な運用のためには，以下のオープンソースプロジェクトがある．

https://pypsa.org/

■ 32.1.1 実問題に対する定式化

現実には様々な制約を考慮する必要がある．以下に例を示す．この定式化を用いて商用の数理最適化ソルバーを使えば，ほとんどの実問題を解くことができる．

集合（添字）:

• $g \in \mathcal{G}$: 発電機の集合

• $g \in \mathcal{G}_{on}^0$: 初期状態でオンになっている発電機の集合

• $g \in \mathcal{G}_{off}^0$: 初期状態でオフになっている発電機の集合

• $w \in \mathcal{W}$: 再生可能発電機の集合

• $t \in \mathcal{T}$: 期の集合．$1, \ldots, T$

• $l \in \mathcal{L}_g$: 発電機 g の区分的線形な費用関数の区分．$g: 1, \ldots, L_g$

- $s \in \mathcal{S}_g$: 発電機 g の初期状態でのカテゴリー. 高温（1）... 低温（S_g）; 1,..., S_g

システムパラメータ:

- $D(t)$: 期 t における需要量（MW）
- $R(t)$: 期 t における運転予備力（MW）

発電機パラメータ:

- CS_g^s: 発電機 g のカテゴリー s に対する始動費用
- CP_g^l: 発電機 g の区分的線形関数の区分 l（MW）に対する費用
- DT_g: 発電機 g の最小再稼働時間（h）
- DT_g^0: 開始時における発電機 g の停止時間（h）
- $\overline{P}_g$: 発電機 g の最大出力（MW）
- $\underline{P}_g$: 発電機 g の最小出力（MW）
- P_g^0: 開始時における発電機 g の出力（MW）
- P_g^l: 発電機 g の区分的線形関数の区分 l における出力; $P_g^1 = \underline{P}_g$ and $P_g^{L_g} = \overline{P}_g$
- RD_g: 発電機 g のランプダウン率（MW/h）
- RU_g: 発電機 g のランプアップ率（MW/h）
- SD_g: 発電機 g の停止可能余力（MW）
- SU_g: 発電機 g の開始可能余力（MW）
- TS_g^s: 発電機 g のカテゴリー s 開始時からのオフライン時間（h）
- UT_g: 発電機 g の最小稼働時間（h）
- UT_g^0: 開始時における発電機 g の稼働時間（h）
- U_g^0: 開始時における発電機 g のオン・オフの状態 $U_g^0 = 1$ は $g \in \mathcal{G}_{on}^0$ を, $U_g^0 = 0$ は $g \in \mathcal{G}_{off}^0$ を表す
- U_g: 発電機 g を必ず稼働させるとき 1 のパラメータ

再生可能発電機パラメータ:

- $\overline{P}_w(t)$: 期 t に使用できる再生可能発電機 w の発電量上限（MW）
- $\underline{P}_w(t)$: 期 t に使用できる再生可能発電機 w の発電量下限（MW）

変数:

- $c_g(t)$: 期 t における発電機 g の費用
- $p_g(t)$: 期 t における発電機 g の下限以上の出力（MW）
- $p_w(t)$: 期 t における再生可能発電機 w の発電量（MW）
- $r_g(t)$: 期 t における発電機 g の予備電力量（MW）
- $u_g(t)$: 期 t に発電機 g が稼働するとき 1 の 0-1 変数
- $v_g(t)$: 期 t に発電機 g が開始するとき 1 の 0-1 変数
- $w_g(t)$: 期 t に発電機 g が停止するとき 1 の 0-1 変数

- $\delta_g^s(t)$: 期 t に発電機 g のカテゴリー s が開始するとき 1 の 0-1 変数
- $\lambda_g^l(t)$: 期 t, 発電機 g における区分的線形関数の区分 l の割合

目的関数:

$$minimize \sum_{g \in \mathcal{G}} \sum_{t \in \mathcal{T}} \left(c_g(t) + CP_g^1 u_g(t) + \sum_{s=1}^{S_g} \left(CS_g^s \delta^s(t) \right) \right)$$

- 需要満足条件と予備電力量制約

$$\sum_{g \in \mathcal{G}} \left(p_g(t) + \underline{P}_g u_g(t) \right) + \sum_{w \in \mathcal{W}} p_w(t) = D(t) \quad \forall t \in \mathcal{T}$$

$$\sum_{g \in \mathcal{G}} r_g(t) \geq R(t) \quad \forall t \in \mathcal{T}$$

- 開始時の条件

$$\sum_{t=1}^{\min\{UT_g - UT_g^0, T\}} (u_g(t) - 1) = 0 \quad \forall g \in \mathcal{G}_{on}^0$$

$$\sum_{t=1}^{\min\{DT_g - DT_g^0, T\}} u_g(t) = 0 \quad \forall g \in \mathcal{G}_{off}^0$$

$$u_g(1) - U_g^0 = v_g(1) - w_g(1) \quad \forall g \in \mathcal{G}$$

$$\sum_{s=1}^{S_g - 1} \sum_{t=\max\{1, TS_g^{s+1} - DT_g^0 + 1\}}^{\min\{TS_g^{s+1} - 1, T\}} \delta_g^s(t) = 0 \quad \forall g \in \mathcal{G}$$

$$p_g(1) + r_g(1) - U_g^0(P_g^0 - \underline{P}_g) \leq RU_g \quad \forall g \in \mathcal{G}$$

$$U_g^0(P_g^0 - \underline{P}_g) - p_g(1) \leq RD_g \quad \forall g \in \mathcal{G}$$

$$U_g^0(P_g^0 - \underline{P}_g) \leq (\overline{P}_g - \underline{P}_g)U_g^0 - \max\{(\overline{P}_g - SD_g), 0\}w_g(1) \quad \forall g \in \mathcal{G}$$

- 基本制約と最小（再）稼働時間条件

$$u_g(t) \geq U_g \quad \forall t \in \mathcal{T}, \forall g \in \mathcal{G}$$

$$u_g(t) - u_g(t-1) = v_g(t) - w_g(t) \quad \forall t \in \mathcal{T} \setminus \{1\}, \forall g \in \mathcal{G}$$

$$\sum_{i=t-\min\{UT_g, T\}+1}^{t} v_g(i) \leq u_g(t) \quad \forall t \in \{\min\{UT_g, T\} \ldots, T\}, \forall g \in \mathcal{G}$$

$$\sum_{i=t-\min\{DT_g, T\}+1}^{t} w_g(i) \leq 1 - u_g(t) \quad \forall t \in \{\min\{DT_g, T\}, \ldots, T\}, \forall g \in \mathcal{G}$$

$$\delta_g^s(t) \leq \sum_{i=TS_g^s}^{TS_g^{s+1}-1} w_g(t-i) \quad \forall t \in \{TS_g^{s+1}, \ldots, T\}, \forall s \in \mathcal{S}_g \setminus \{S_g\}, \forall g \in \mathcal{G}$$

$$v_g(t) = \sum_{s=1}^{S_g} \delta_g^s(t) \quad \forall t \in \mathcal{T}, \forall g \in \mathcal{G}$$

- 出力量条件

$$p_g(t) + r_g(t) \leq (\overline{P}_g - \underline{P}_g)u_g(t) - \max\{(\overline{P}_g - SU_g), 0\}v_g(t) \quad \forall t \in \mathcal{T}, \forall g \in \mathcal{G}$$

$$p_g(t) + r_g(t) \leq (\overline{P}_g - \underline{P}_g)u_g(t) - \max\{(\overline{P}_g - SD_g), 0\}w_g(t+1) \quad \forall t \in \mathcal{T} \setminus \{T\}, \forall g \in \mathcal{G}$$

- ランプアップ（ダウン）条件

$$p_g(t) + r_g(t) - p_g(t-1) \leq RU_g \qquad \forall t \in \mathcal{T} \setminus \{1\}, \, \forall g \in \mathcal{G}$$

$$p_g(t-1) - p_g(t) \leq RD_g \qquad \forall t \in \mathcal{T} \setminus \{1\}, \, \forall g \in \mathcal{G}$$

- 区分的線形関数の定義

$$p_g(t) = \sum_{l \in \mathcal{L}_g} (P_g^l - P_g^1)\lambda_g^l(t) \qquad \forall t \in \mathcal{T}, \, \forall g \in \mathcal{G}$$

$$c_g(t) = \sum_{l \in \mathcal{L}_g} (CP_g^l - CP_g^1)\lambda_g^l(t) \qquad \forall t \in \mathcal{T}, \, \forall g \in \mathcal{G}$$

$$u_g(t) = \sum_{l \in \mathcal{L}_g} \lambda_g^l(t) \qquad \forall t \in \mathcal{T}, \, \forall g \in \mathcal{G}$$

- 再生可能発電機制約

$$\underline{P}_w(t) \leq p_w(t) \leq \overline{P}_w(t) \qquad \forall t \in \mathcal{T}, \, \forall w \in \mathcal{W}$$

33 ポートフォリオ最適化問題

- ポートフォリオ最適化問題に対する定式化

33.1 準備

```
import pandas as pd
import random
import math
from gurobipy import Model, quicksum, GRB, multidict
# from mypulp import Model, quicksum, GRB, multidict
from scipy.stats import norm
import numpy as np
import yfinance as yf
import warnings
import riskfolio as rp
import riskfolio.PlotFunctions as plf
```

関連動画 ▶

33.2 Markowitz モデル

Markowitz モデルは，ポートフォリオ最適化問題の古典であり，以下のように定義される．

資産 M 円をもつとき，1 年後の期待資産価値が αM 円以上（ただし $\alpha > 1$）という制約のもとで，「リスク」を最小化することを考える．ただし，株を $i = 1, 2, \ldots, n$ で表し，株 i の 1 年後の価値は期待値 r_i，分散 σ_i^2 の確率分布にしたがうと仮定する．

株を $1, 2, \ldots, n$ とし，各株 i の 1 年後の価格を，確率変数 R_i で表す．ただし，R_i の期待値は r_i，分散は σ_i^2 とする．期待値をとる操作を $\mathrm{E}[\cdot]$ で書けば，次の関係が成り立っている．

$$\mathbf{E}[R_i] = r_i, \ \mathbf{E}[(R_i - r_i)^2] = \sigma_i^2 \ \forall i = 1, 2, \ldots, n$$

株 i に投資する割合を x_i とする．すると $x_1, x_2, \ldots, x_n$ は非負で和が 1 になっているはずである．

$$\sum_{i=1}^{n} x_i = 1, \quad x_i \geq 0, \ \forall i = 1, 2, \ldots, n$$

この投資比率で投資したとき，1 年後の財産価格は確率変数 R_i を用いて $M \sum_{i=1}^{n} R_i x_i$ と書けるので，期待値が αM 以上という制約は次のようになる．

$$M \sum_{i=1}^{n} r_i x_i \geq \alpha M$$

M は両辺に現れるので消去でき，結局以下のようになる．

$$\sum_{i=1}^{n} r_i x_i \geq \alpha$$

最後に「リスク」とは何かを考えなければならない．Markowitz は「リスク」とは期待値からのずれと解釈し，確率でいう「分散」をリスクと定義した．

$$
\begin{aligned}
minimize \quad & \sum_{i=1}^{n} \sigma_i^2 x_i^2 \\
s.t. \quad & \sum_{i=1}^{n} r_i x_i \geq \alpha \\
& \sum_{i=1}^{n} x_i = 1 \\
& x_i \geq 0 \ \forall i = 1, 2, \ldots, n
\end{aligned}
$$

以下に定式化のコードと求解例を示す．

```
def markowitz(I, sigma, r, alpha):
    """markowitz -- simple markowitz model for portfolio optimization.
    Parameters:
        - I: set of items
        - sigma[i]: standard deviation of item i
        - r[i]: revenue of item i
        - alpha: acceptance threshold
    Returns a model, ready to be solved.
    """

    model = Model("markowitz")
    x = {}
    for i in I:
        x[i] = model.addVar(vtype="C", name="x(%s)" % i)  # quantity of i to buy
    model.update()

    model.addConstr(quicksum(r[i] * x[i] for i in I) >= alpha)
    model.addConstr(quicksum(x[i] for i in I) == 1)
```

```
    model.setObjective(quicksum(sigma[i] ** 2 * x[i] * x[i] for i in I), GRB.↵
      MINIMIZE)

    model.update()
    model.__data = x
    return model
```

```
I, sigma, r = multidict(
    {1: [0.07, 1.01], 2: [0.09, 1.05], 3: [0.1, 1.08], 4: [0.2, 1.10], 5: [0.3, ↵
      1.20]}
)
alpha = 1.05

model = markowitz(I, sigma, r, alpha)
model.optimize()

x = model.__data
EPS = 1.0e-6
print("%5s\t%8s" % ("i", "x[i]"))
for i in I:
    print("%5s\t%8g" % (i, x[i].X))
print("sum:", sum(x[i].X for i in I))
print("Obj:", model.ObjVal)
```

```
... (略) ...

Barrier solved model in 11 iterations and 0.02 seconds
Optimal objective 2.18949484e-03

    i       x[i]
    1    0.391756
    2    0.270308
    3    0.239191
    4    0.0631714
    5    0.0355731
sum: 1.0
Obj: 0.0021894948394944346
```

33.3 損をする確率を抑えるモデル

　Markowitz のモデルは，リスクを分散で表現し，これを最小化する問題であった．し
かし分散は，プラスの方向にもマイナスの方向にも等しく作用するので，たくさん損
することを避けるために，たくさん得することも避けるモデルとなっている．これは

少し納得しづらい状況である.

そこで少し考え方を変える. もっと直接的に確率を扱い, 例えば1年後の資産価値が $0.95M$ 円以下になる確率を 5% 以下にしたいと考えてみよう. つまり, 95% 以上の確率で9割5分の資産が残る, という条件のもと, 期待資産価値を最大化する問題である.

上の問題を一般的に表すと次のようになる.

1年後の資産価値が αM 円以下になる「確率」を β% 以下に抑えながら, 1年後の期待資産価値を最大化せよ.

先と同じように株式を $i = 1, 2, \ldots, n$ で表し, 株式 i の1年後の価値が期待値 r_i, 分散 σ_i の正規分布をすると仮定する. この確率変数を R_i と書く. 各株式 i に投資する割合を x_i とすれば, やはり次を満たしている.

$$\sum_{i=1}^{n} x_i = 1, \quad x_i \geq 0 \ \ \forall i = 1, 2, \ldots, n$$

今回の場合, 期待利益を最大化したいので, 目的関数は $\sum_{i=1}^{n} r_i x_i$ である.

難しいのは, 「資産価値が αM 円以下になる確率を β 以下に押さえる」という条件である.

確率変数 R_i は平均 r_i, 分散 σ_i^2 の正規分布にしたがうと仮定したので, $R_i x_i$ は平均 $r_i x_i$, 分散 $\sigma_i^2 x_i^2$ の正規分布にしたがい, さらにその和 $\sum_{i=1}^{n} R_i x_i$ は平均 $\mu = \sum_{i=1}^{n} r_i x_i$, 分散 $\sigma^2 = \sum_{i=1}^{n} r_i^2 x_i^2$ の正規分布にしたがう. よって, 新たな確率変数を

$$R = \frac{\displaystyle\sum_{i=1}^{n} R_i x_i - \mu}{\sigma}$$

で定義すれば R は平均 0, 分散 1 の正規分布にしたがうことになる.

よって, Φ を正規分布の分布関数としたとき,

$$Prob\left\{R \leq \tfrac{\alpha - \mu}{\sigma}\right\} = \Phi\left(R \leq \tfrac{\alpha - \mu}{\sigma}\right) \leq \beta \quad \Leftrightarrow \quad \tfrac{\alpha - \mu}{\sigma} \leq \Phi^{-1}(\beta)$$

$$\Leftrightarrow \quad -\Phi^{-1}(\beta)\sqrt{\sum_{i=1}^{n} \sigma_i^2 x_i^2} \leq -\alpha + \sum_{i=1}^{n} r_i x_i$$

となる. $\beta < 1/2$ のとき, $\Phi^{-1}(\beta) < 0$ であり, 上の制約は2次錐制約となる.

結局, 以下の最適化問題に定式化されることになる.

$$maximize \quad \rho$$

$$s.t. \quad \sum_{i=1}^{n} r_i x_i = \rho$$

$$\sum_{i=1}^{n} x_i = 1$$

$$x_i \geq 0 \quad \forall i = 1, \ldots, n$$

$$\sqrt{\sum_{i=1}^{n} \bar{\sigma}_i^2 x_i^2} \leq \frac{\alpha - \rho}{\Phi^{-1}(\beta)}$$

これは 2 次錐最適化問題なので, Gurobi で解くことができる.

```python
def p_portfolio(I, sigma, r, alpha, beta):
    """p_portfolio -- modified markowitz model for portfolio optimization.
    Parameters:
        - I: set of items
        - sigma[i]: standard deviation of item i
        - r[i]: revenue of item i
        - alpha: acceptance threshold
        - beta: desired confidence level
    Returns a model, ready to be solved.
    """

    model = Model("p_portfolio")
    x = {}
    for i in I:
        x[i] = model.addVar(vtype="C", name="x(%s)" % i)   # quantity of i to buy
    rho = model.addVar(vtype="C", name="rho")
    rhoaux = model.addVar(vtype="C", name="rhoaux")
    model.update()

    model.addConstr(rho == quicksum(r[i] * x[i] for i in I))
    model.addConstr(quicksum(x[i] for i in I) == 1)

    model.addConstr(rhoaux == (alpha - rho) / norm.ppf(beta))
    model.addConstr(quicksum(sigma[i] ** 2 * x[i] * x[i] for i in I) <= rhoaux * ↵
     rhoaux)

    model.setObjective(rho, GRB.MAXIMIZE)
    model.update()
    model.__data = x
    return model
```

```python
# portfolio
I, sigma, r = multidict(
    {1: [0.07, 1.01], 2: [0.09, 1.05], 3: [0.1, 1.08], 4: [0.2, 1.10], 5: [0.3, ↵
     1.20]}
)
alpha = 0.95
```

```
beta = 0.1

print("\n\n\nbeta:", beta, "phi inv:", phi_inv(beta))
model = p_portfolio(I, sigma, r, alpha, beta)
model.optimize()

x = model.__data
EPS = 1.0e-6
print("Investment:")
print("%5s\t%8s" % ("i", "x[i]"))
for i in I:
    print("%5s\t%8g" % (i, x[i].X))
print("Obj:", model.ObjVal)
```

```
beta: 0.1 phi inv: -1.281728756502709

... (略) ...

Barrier solved model in 5 iterations and 0.02 seconds
Optimal objective 1.13934093e+00

Investment:
    i       x[i]
    1    2.77054e-08
    2    3.26614e-06
    3    0.309915
    4    0.234687
    5    0.455394
Obj: 1.1393409341049061
```

33.4 様々なモデルを解くためのパッケージ

以下のパッケージを使うと，様々なポートフォリオ最適化問題を解くことができる．
https://github.com/dcajasn/Riskfolio-Lib

- データは Yahoo Finance データを yfinance パッケージを利用して入手している．ただし，現在はデータスクレイピングが禁止されたため，使えなくなっている．使用する際には，自分でデータを準備する必要がある．
- 最適化はオープンソースの凸最適化パッケージ cvxopt を利用している．

33.4.1 最適化と主な引数
最適化は以下の形式で行う．

```
import riskfolio.Portfolio as pf
portofolio = pf.Portfolio()
```

`portofolio.optimization()`

主な引数は以下の通り．

a.　model: 平均と共分散のためのモデル

- 'Classic': 過去の履歴（既定値）
- 'BL': Black Litterman モデル
- 'FM': リスクファクターモデル

b.　rm: リスク尺度

- 'MV': 標準偏差（既定値）
- 'MAD': 平均絶対偏差（Mean Absolute Deviation）

$$\text{MAD}(X) = \frac{1}{T} \sum_{t=1}^{T} |X_t - \mathbb{E}(X_t)|$$

- 'MSV': セミ標準偏差

$$\text{SemiDev}(X) = \left[\frac{1}{T-1} \sum_{t=1}^{T} (X_t - \mathbb{E}(X_t))^2 \right]^{1/2}$$

- 'FLPM': First Lower Partial Moment (Omega Ratio)

$$\text{LPM}(X, \text{MAR}, 1) = \frac{1}{T} \sum_{t=1}^{T} \max(\text{MAR} - X_t, 0)$$

- 'SLPM': Second Lower Partial Moment (Sortino Ratio)

$$\text{LPM}(X, \text{MAR}, 2) = \left[\frac{1}{T-1} \sum_{t=1}^{T} \max(\text{MAR} - X_t, 0)^2 \right]^{\frac{1}{2}}$$

- 'CVaR': 条件付き VaR

$$\text{CVaR}_\alpha(X) = \text{VaR}_\alpha(X) + \frac{1}{\alpha T} \sum_{t=1}^{T} \max(-X_t - \text{VaR}_\alpha(X), 0)$$

- 'EVaR': Entropic Value at Risk

$$\text{EVaR}_\alpha(X) = \inf_{z>0} \left\{ z \ln \left(\frac{M_X(z^{-1})}{\alpha} \right) \right\}$$

- 'WR': Worst Realization (Minimax)

$$\text{WR}(X) = \max(-X)$$

- 'MDD': Maximum Drawdown of uncompounded cumulative returns (Calmar Ratio)

$$\text{MDD}(X) = \max_{j \in (0,T)} \left[\max_{t \in (0,j)} \left(\sum_{i=0}^{t} X_i \right) - \sum_{i=0}^{j} X_i \right]$$

- 'ADD': Average Drawdown of uncompounded cumulative returns

$$\text{ADD}(X) = \frac{1}{T} \sum_{j=0}^{T} \left[\max_{t \in (0,j)} \left(\sum_{i=0}^{t} X_i \right) - \sum_{i=0}^{j} X_i \right]$$

- 'CDaR': Conditional Drawdown at Risk of uncompounded cumulative returns

$$\mathrm{CDaR}_\alpha(X) = \mathrm{DaR}_\alpha(X) + \frac{1}{\alpha T} \sum_{j=0}^{T} \max \left[\max_{t \in (0,j)} \left(\sum_{i=0}^{t} X_i \right) - \sum_{i=0}^{j} X_i - \mathrm{DaR}_\alpha(X), 0 \right]$$

ただし,

$$\mathrm{DaR}_\alpha(X) = \max_{j \in (0,T)} \{\mathrm{DD}(X, j) \in \mathbb{R} : F_{\mathrm{DD}}(\mathrm{DD}(X, j)) < 1 - \alpha\}$$

$$\mathrm{DD}(X, j) = \max_{t \in (0,j)} \left(\sum_{i=0}^{t} X_i \right) - \sum_{i=0}^{j} X_i$$

- 'EDaR': Entropic Drawdown at Risk of uncompounded cumulative returns

$$\mathrm{EDaR}_\alpha(X) = \inf_{z>0} \left\{ z \ln \left(\frac{M_{\mathrm{DD}(X)}(z^{-1})}{\alpha} \right) \right\}$$

$$\mathrm{DD}(X, j) = \max_{t \in (0,j)} \left(\sum_{i=0}^{t} X_i \right) - \sum_{i=0}^{j} X_i$$

- 'UCI': Ulcer Index of uncompounded cumulative returns

$$\mathrm{UCI}(X) = \sqrt{\frac{1}{T} \sum_{j=0}^{T} \left[\max_{t \in (0,j)} \left(\sum_{i=0}^{t} X_i \right) - \sum_{i=0}^{j} X_i \right]^2}$$

c.　obj: 目的関数

- 'MinRisk': リスク最小化
- 'Utility': 効用関数 $\mu w - l\phi_i(w)$ 最大化 (ϕ_i は上の 13 のリスク尺度から選択, l はリスク回避率)
- 'Sharpe': リスク調整済みリターン (既定値). (リターン - 無リスク金利)/ϕ_i で定義される.
- 'MaxRet': 期待リターン最大化

  まず, データを読み込む.

```
warnings.filterwarnings("ignore")
pd.options.display.float_format = '{:.4%}'.format


# Date range
start = '2016-01-01'
end = '2019-12-30'

# Tickers of assets
assets = ['JCI', 'TGT', 'CMCSA', 'CPB', 'MO', 'APA', 'MMC', 'JPM',
          'ZION', 'PSA', 'BAX', 'BMY', 'LUV', 'PCAR', 'TXT', 'TMO',
          'DE', 'MSFT', 'HPQ', 'SEE', 'VZ', 'CNP', 'NI', 'T', 'BA']
assets.sort()

# Downloading data
data = yf.download(assets, start = start, end = end)
data = data.loc[:,('Adj Close', slice(None))]
```

```
data.columns = assets

Y = data[assets].pct_change().dropna()
Y.head()
```

```
[*********************100%***********************]  25 of 25 completed


                 APA       BA      BAX      BMY     CMCSA      CNP      CPB  \
Date
2016-01-04  -0.0900% -2.8287% -2.5688% -2.5585% -0.9612% -0.4902% -1.6936%
2016-01-05  -2.0256%  0.4057%  0.4035%  1.9693%  0.0180%  0.9305%  0.3678%
2016 01 06  11.4863% -1.5879%  0.2412% -1.7556% -0.7727% -1.2473% -0.1736%
2016-01-07  -5.1389% -4.1922% -1.6573% -2.7699% -1.1047% -1.9770% -1.2206%
2016-01-08   0.2736% -2.2705% -1.6037% -2.5425%  0.1099% -0.2241%  0.5706%


                  DE      HPQ      JCI  ...       NI     PCAR      PSA  \
Date                                    ...
2016-01-04  -0.2491% -2.0270% -0.3136%  ...  0.0512% -0.5063% -1.3444%
2016-01-05   0.5783%  0.9482% -1.1953%  ...  1.5881%  0.0212%  2.8236%
2016-01-06  -1.1239% -3.5867% -0.9551%  ...  0.5547%  0.0212%  0.1592%
2016-01-07  -0.8856% -4.6058% -2.5393%  ... -2.2066% -3.0310% -1.0411%
2016-01-08  -1.6402% -1.7641% -0.1649%  ... -0.1539% -1.1366% -0.7308%


                 SEE        T      TGT      TMO      TXT       VZ     ZION
Date
2016-01-04  -3.4978% -0.1744%  1.2946% -2.1854% -1.2139% -0.7573% -2.1612%
2016-01-05   0.9758%  0.6987%  1.7539% -0.1730%  0.2409%  1.3734% -1.0857%
2016-01-06  -1.5647%  0.3108% -1.0155% -0.7653% -3.0048% -0.9035% -2.9145%
2016-01-07  -3.1557% -1.6148% -0.2700% -2.2845% -2.0570% -0.5492% -3.0020%
2016-01-08  -0.1448%  0.0896% -3.3839% -0.1117% -1.1387% -0.9719% -1.1254%

[5 rows x 25 columns]
```

ポートフォリオを求める.

```
port = rp.Portfolio(returns=Y)

method_mu='hist' # 過去の履歴から平均値を計算 (ewma1 or ewma2にすると, 指数平滑法)
method_cov='hist' # 過去の履歴から共分散を計算

port.assets_stats(method_mu=method_mu, method_cov=method_cov, d=0.94) #↵
    dは指数平滑法のパラメータ

# 最適ポートフォリオを求める

model='Classic' # Classic (historical), BL (Black Litterman) or FM (Factor Model)
rm = 'MV' # リスク尺度は標準偏差
obj = 'Sharpe' # 目的関数 MinRisk, MaxRet, Utility or Sharpe
hist = True # Use historical scenarios for risk measures that depend on scenarios
rf = 0 # Risk free rate
```

```
l = 0 # Risk aversion factor, only useful when obj is 'Utility'

w = port.optimization(model=model, rm=rm, obj=obj, rf=rf, l=l, hist=hist)

display(w.T)
```

```
           APA      BA     BAX     BMY   CMCSA     CNP     CPB      DE  \
weights 0.0000% 5.5551% 10.5178% 0.0000% 0.0000% 8.8001% 0.0000% 4.7778%

           HPQ     JCI  ...      NI    PCAR     PSA     SEE       T     TGT  \
weights 0.0000% 0.0000% ... 11.2495% 0.0000% 0.0000% 0.0000% 0.0000% 7.9788%

           TMO     TXT      VZ    ZION
weights 0.0000% 0.0000% 4.1383% 0.0000%

[1 rows x 25 columns]
```

結果を描画する.

```
ax = plf.plot_pie(w=w, title='Sharpe Mean Variance', others=0.05, nrow=25, cmap = "tab20",
        height=6, width=10, ax=None)
```

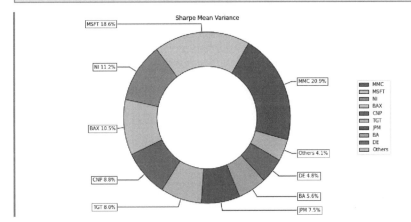

```
points = 50 # Number of points of the frontier

frontier = port.efficient_frontier(model=model, rm=rm, points=points, rf=rf, hist=hist)

display(frontier.T.head())
```

```
      APA      BA     BAX     BMY   CMCSA     CNP     CPB      DE     HPQ  \
0 0.0000% 0.0000% 5.1206% 4.3334% 2.1718% 7.0667% 3.1868% 0.1850% 0.0000%
1 0.0000% 1.7915% 8.1835% 0.6778% 1.7443% 8.6959% 2.0606% 1.6004% 0.0000%
2 0.0000% 2.5434% 8.9733% 0.0000% 1.2427% 9.3156% 1.5796% 2.0330% 0.0000%
3 0.0000% 3.1112% 9.4778% 0.0000% 0.6498% 9.7657% 0.9240% 2.3124% 0.0000%
```

```
4 0.0000% 3.5683% 9.8654% 0.0000% 0.0796% 10.1250% 0.2218% 2.5164% 0.0000%

      JCI  ...       NI   PCAR      PSA     SEE        T      TGT      TMO  \
0 2.9728%  ... 11.5764% 0.0000% 14.8984% 0.0396% 6.7154% 4.2092% 0.0000%
1 1.3086%  ... 13.6967% 0.0000%  9.1544% 0.0000% 5.8687% 5.7768% 0.0000%
2 0.3715%  ... 14.5510% 0.0000%  6.3250% 0.0000% 5.4185% 6.3699% 0.0000%
3 0.0000%  ... 15.1335% 0.0000%  3.4855% 0.0000% 4.6374% 6.8032% 0.0000%
4 0.0000%  ... 15.5460% 0.0000%  0.8877% 0.0000% 3.7856% 7.1433% 0.0000%

      TXT      VZ     ZION
0 0.0000% 8.2638% 0.0020%
1 0.0000% 8.7102% 0.0000%
2 0.0000% 8.9551% 0.0000%
3 0.0000% 9.0775% 0.0000%
4 0.0000% 9.1219% 0.0000%

[5 rows x 25 columns]
```

```
label = 'Max Risk Adjusted Return Portfolio' # Title of point
mu = port.mu # Expected returns
cov = port.cov # Covariance matrix
returns = port.returns # Returns of the assets

ax = plf.plot_frontier(w_frontier=frontier, mu=mu, cov=cov, returns=returns, rm=rm,
                rf=rf, alpha=0.05, cmap='viridis', w=w, label=label,
                marker='*', s=16, c='r', height=6, width=10, ax=None)
```

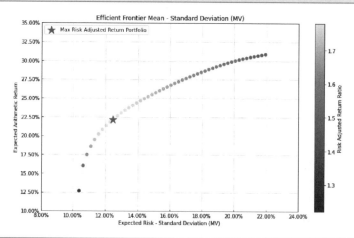

```
ax = plf.plot_frontier_area(w_frontier=frontier, cmap="tab20", height=6, width=10,
    ax=None)
```

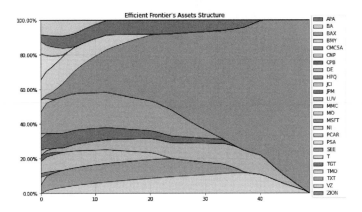

34 充足可能性問題と重み付き制約充足問題

- 充足可能性問題と重み付き制約充足問題

関連動画 ▶

34.1 重み付き制約充足問題

変数 x_j $(j = 1, 2, \ldots, n)$ に対して有限集合からなる領域（domain）D_j を定義する.

制約 C_i $(i = 1, 2, \ldots, m)$ は変数の n 組の部分集合として定義される. **制約充足問題**（constraint satisfaction problem）は，制約を満たすように，変数に領域の中の 1 つの値を割り当てることを目的とした問題である.

これの判定問題版（解があるか否かを判定する問題）が，最初の NP-完全問題として知られる**制約充足問題** (satisfiability problem; SAT) である.

この問題は実行可能性判定問題の範疇に含まれるが，これに制約からの逸脱ペナルティを付加することによって，以下の組合せ最適化問題になる.

解ベクトル x が制約 C_i から逸脱している量を表すペナルティ関数を $g_i(x)$ とする. 各制約 C_i の重みを w_i としたとき，**重み付き制約充足問題**（weighted constraint satisfaction problem）は以下のように書ける.

$$minimize \quad \sum_{i=1}^{m} w_i g_i(x)$$
$$s.t. \quad x_j \in D_j \qquad j = 1, 2, \ldots, n$$

この問題に対しては，メタヒューリスティクスに基づく制約最適化ソルバー SCOP (Solver for COnstraint Programing) が開発されている. SCOP についての詳細は，付録 1 を参照されたい.

SCOP は実務的な問題を解くために開発されたものであるが，様々な基本的な組合せ最適化問題も簡単に解くことができる. 例として，グラフ彩色問題のところで，SCOP を用いた数行の最適化コードを示している.

実務的な問題の例としては，シフトスケジューリングのところで，看護婦スケジューリング問題のモデル化を示している．以下では，もう1つの実務的な例として，時間割作成問題への適用を考える．

34.2 時間割作成問題

通常の時間割作成の他に，大学では試験の時間割などにもニーズがある．

次の集合が与えられている．

- 授業（クラス）集合: 大学への応用の場合には，授業には担当教師が紐付けられている
- 教室集合
- 学生集合
- 期集合: 通常は1週間 (5日もしくは6日) の各時限を考える

以下の条件を満たす時間割を求める．

- すべての授業をいずれか期へ割当
- すべての授業をいずれか教室へ割当
- 各期，1つの教室では1つ以下の授業
- 同じ教員の受持ち講義は異なる期へ
- 割当教室は受講学生数以上の容量をもつ
- 同じ学生が受ける可能性がある授業の集合（カリキュラム）は，異なる期へ割り当てなければならない

考慮すべき付加条件には，以下のものがある．

- 1日の最後の期に割り当てられると履修学生数分のペナルティ
- 1人の学生が履修する授業が3連続するとペナルティ
- 1人の学生の授業数が，1日に1つならばペナルティ（0か2以上が望ましい）

これは制約最適化問題として以下のように定式化できる．

授業 i の割当期を表す変数 X_i（領域はすべての期の集合）と割当教室を表す変数 Y_i（領域はすべての教室の集合）を用いる．

定式化では，これらの変数は値変数として表記する．それぞれ，授業 i を期 t に割り当てるとき1の0-1変数 x_{it}，授業 i を教室 k に割り当てるとき1の0-1変数 y_{ik} となる．

SCOP においては，以下の2つの制約は自動的に守られるので必要ない．

- すべての授業をいずれか期へ割当
- すべての授業をいずれか教室へ割当

他の制約は，以下のように記述できる．

- 各期 t の各教室 k への割当授業は 1 以下であることを表す制約:

$$\sum_i x_{it} y_{ik} \leq 1 \quad \forall t, k$$

- 同じ教員の受持ち講義は異なる期へ割当:

教員 l の担当する授業の集合を E_l とすると，この制約は「$X_i (i \in E_l)$ はすべて異なる値をもつ」と書くことができる．SCOP では，このようなタイプの制約を相異制約とよび，そのまま記述できる．

- 割当教室は受講学生数以上の容量をもつ．

授業 i ができない（容量を超過する）教室の集合を K_i する．

$$\sum_{i, k \in K_i} y_{ik} \leq 0$$

- 同じ学生が受ける可能性がある授業の集合（カリキュラム）は，異なる期へ割り当てなければならない．

カリキュラム j に含まれる授業の集合を C_j としたとき，以下の制約として記述できる．

$$\sum_{i \in C_j} x_{it} \leq 1 \quad \forall j, t$$

- 1 日の最後の期に割り当てられると履修学生数分のペナルティ

1 日の最後の期の集合を L，授業 i の履修学生数を w_i とする．

$$\sum_{i, t \in L} w_i x_{it} \leq 0$$

- 1 人の学生が履修する授業が 3 連続すると 1 ペナルティ

T を 1 日のうちで最後の 2 時間でない期の集合とする．

$$\sum_{i \in C_j} x_{it} + x_{i,t+1} + x_{i,t+2} \leq 2 \quad \forall j, t \in T$$

- 1 人の学生の授業数が，1 日に 1 つならば 1 ペナルティ（0 か 2 以上が望ましい）

各日 d に含まれる期の集合を T_d とし，日 d におけるカリキュラム j に含まれる授業数が 0 か 2 以上なのかを表す 0-1 変数 z_{jd} を用いる．

$$\sum_{i \in C_j} x_{it} \leq |T_d| z_{jd} \quad \forall d, j$$

$$\sum_{i \in C_j} x_{it} \geq 2 z_{jd} \quad \forall d, j$$

上の定式化を SCOP で解くことによって，付加的な制約を「できるだけ」満たす時間割を作成することができる．

時間割作成の国際コンペティション（ITC2007）では，SCOP は 3 つの異なるトラックですべてメダル（3 位，2 位，3 位）を獲得している．

34.3 OR-tools

Google が開発している OR-tools でも同様のことができる．cp_model は，SCOP とは異なる求解手法である制約伝播を用いているため，パズルのような問題を解くことが得意である．OR-tools についての詳細は，以下を参照されたい．

https://developers.google.com/optimization

以下に，簡単な最適化の例を示す．

```python
from ortools.sat.python import cp_model

model = cp_model.CpModel()
var_upper_bound = max(50, 45, 37)
x = model.NewIntVar(0, var_upper_bound, "x")
y = model.NewIntVar(0, var_upper_bound, "y")
z = model.NewIntVar(0, var_upper_bound, "z")

model.Add(2 * x + 7 * y + 3 * z <= 50)
model.Add(3 * x - 5 * y + 7 * z <= 45)
model.Add(5 * x + 2 * y - 6 * z <= 37)

model.Maximize(2 * x + 2 * y + 3 * z)

solver = cp_model.CpSolver()
status = solver.Solve(model)

if status == cp_model.OPTIMAL:
    print("Maximum of objective function: %i" % solver.ObjectiveValue())
    print()
    print("x value: ", solver.Value(x))
    print("y value: ", solver.Value(y))
    print("z value: ", solver.Value(z))
```

```
Maximum of objective function: 35

x value:  7
y value:  3
z value:  5
```

■ 34.3.1 すべての解の列挙

```python
class VarArraySolutionPrinter(cp_model.CpSolverSolutionCallback):
    """Print intermediate solutions."""

    def __init__(self, variables):
```

```
            cp_model.CpSolverSolutionCallback.__init__(self)
            self.__variables = variables
            self.__solution_count = 0

        def on_solution_callback(self):
            self.__solution_count += 1
            for v in self.__variables:
                print("%s=%i" % (v, self.Value(v)), end=" ")
            print()

        def solution_count(self):
            return self.__solution_count


# Creates the model.
model = cp_model.CpModel()

# Creates the variables.
num_vals = 3
x = model.NewIntVar(0, num_vals - 1, "x")
y = model.NewIntVar(0, num_vals - 1, "y")
z = model.NewIntVar(0, num_vals - 1, "z")

# Create the constraints.
model.Add(x != y)

# Create a solver and solve.
solver = cp_model.CpSolver()
solution_printer = VarArraySolutionPrinter([x, y, z])
status = solver.SearchForAllSolutions(model, solution_printer)

print("Status = %s" % solver.StatusName(status))
print("Number of solutions found: %i" % solution_printer.solution_count())
```

```
x=1 y=2 z=0
x=1 y=0 z=0
x=2 y=0 z=0
x=2 y=1 z=0
x=2 y=1 z=1
x=2 y=0 z=1
x=1 y=0 z=1
x=1 y=2 z=1
x=1 y=2 z=2
x=1 y=0 z=2
x=2 y=0 z=2
x=2 y=1 z=2
x=0 y=1 z=2
x=0 y=1 z=1
x=0 y=1 z=0
```

```
x=0 y=2 z=0
x=0 y=2 z=1
x=0 y=2 z=2
Status = OPTIMAL
Number of solutions found: 18
```

35 n クイーン問題

- n クイーン問題に対する高速解法

35.1 準備

```
import random
import math
Infinity = 1.0e10000
LOG = False
```

関連動画▶

35.2 n クイーン問題

n クイーン問題とは，$n \times n$ のチェス盤の上に将棋の飛車と角行の動きを同時にできる駒（クイーン）をお互いに動きを妨げないように n 個置く問題である．元は，そのような配置の個数を「数え上げる」問題であり，8 クイーンの配置の総数をガウス（Johann Karl Friedruch Gauss: 1777-1855）が数え間違えたことは有名である．

しばしば，ランダムな配置を求める n クイーン問題が人工知能における充足可能性判定，ニューラルネットワーク，遺伝的アルゴリズムなど種々の分野で，テスト問題として用いられてきた．しかし，この問題はテスト問題として用いるほど困難ではなく，しかも実際問題への応用もほとんどない．したがって，この問題を組合せ最適化問題に対する解法の評価用に使うべきではない．

以下では，簡単な構築法とタブーサーチを用いた改善法で，n クイーン問題のランダムな配置が $O(n)$ 時間で求まることを示す．これを使うと 1000 万クイーン問題も解くことができる．

アルゴリズムと実装についての詳細は，拙著『組合せ最適化短編集』（朝倉書店, 1999）

を参照されたい.

35.3 構築法とタブーサーチ

ユーティリティ関数を準備しておく.

```python
def display(sol):
    """Nicely print the board with queens at positions given in sol"""
    n = len(sol)
    for i in range(0, n):
        for j in range(0, n):
            if sol[i] == j:
                print("o", end=" ")
            else:
                print(".", end=" ")
        print()


def diagonals(sol):
    """Determine number of queens on each diagonal of the board.

    Returns a tuple with the number of queens on each of the upward
    diagonals and downward diagonals, respectively
    """

    n = len(sol)  # size of the board
    ndiag = 2 * n - 1  # number of diagonals in the board

    # upward diagonals (index 0 corresponds to the diagonal on upper-left square)
    diag_up = [0 for i in range(ndiag)]

    # downward diagonals (index 0 corresponds to the diagonal on upper-right square)
    diag_dn = [0 for i in range(ndiag)]

    # count the number of times each diagonal is being attacked
    for i in range(n):
        # upward diagonal being attacked by
        # the queen in row i (which is in column sol[i])
        d = i + sol[i]  # index of diagonal
        diag_up[d] += 1

        # downward diagonal being attacked by
        # the queen in row i (which is in column sol[i])
        d = (n - 1) + sol[i] - i  # index of diagonal
        diag_dn[d] += 1

    return diag_up, diag_dn
```

```
def collisions(diag):
    """Returns the total number of collisions on the diagonal."""
    ncolls = 0
    for i in diag:
        if i > 1:  # i.e., more that one queen on this diag
            ncolls += i - 1
    return ncolls


def exchange(i, j, sol, diag_up, diag_dn):
    """Exchange the queen of row i with that of row j; update diagonal info."""

    n = len(sol)

    # diagonals not attacked anymore
    d = i + sol[i]
    diag_up[d] -= 1
    d = j + sol[j]
    diag_up[d] -= 1

    d = (n - 1) - i + sol[i]
    diag_dn[d] -= 1
    d = (n - 1) - j + sol[j]
    diag_dn[d] -= 1

    # exchange the positions 'i' and 'j'
    sol[i], sol[j] = sol[j], sol[i]

    # diagonals that started being attacked
    d = i + sol[i]
    diag_up[d] += 1
    d = j + sol[j]
    diag_up[d] += 1

    d = (n - 1) - i + sol[i]
    diag_dn[d] += 1
    d = (n - 1) - j + sol[j]
    diag_dn[d] += 1


def decrease(di, dj, ni, nj):
    """Compute collisions removed when queens are removed.

    Parameters:
    - di, dj -- diagonals where queens are currently placed
    - ni, nj -- number of queens on these diagonals
    """
    delta = 0
    if ni >= 2:
```

```
            delta -= 1
        if nj >= 2:
            delta -= 1
        if di == dj and ni == 2:
            delta += 1  # discounted one in excess, replace it
    return delta


def increase(di, dj, ni, nj):
    """Compute new collisions when queens are positioned.

    Parameters:
    - di, dj -- diagonals where queens will be placed
    - ni, nj -- number of queens on these diagonals
    """
    delta = 0
    if ni >= 1:
        delta += 1
    if nj >= 1:
        delta += 1
    if di == dj and ni == 0:
        delta += 1  # on the same diagonal
    return delta


def evaluate_move(i, j, sol, diag_up, diag_dn):
    """Evaluate exchange of queen of row i with that of row j."""

    delta = 0
    n = len(sol)

    # diagonals not attacked anymore if move is accepted
    upi = i + sol[i]  # current upward diagonal of queen in row i
    upj = j + sol[j]  #                                         j
    delta += decrease(upi, upj, diag_up[upi], diag_up[upj])

    dni = (n - 1) + sol[i] - i  # current downward diagonal of queen in row i
    dnj = (n - 1) + sol[j] - j  #                                          j
    delta += decrease(dni, dnj, diag_dn[dni], diag_dn[dnj])

    # diagonals that started being attacked
    upi = i + sol[j]  # new upward diagonal for queen in row i
    upj = j + sol[i]  #                                       j
    delta += increase(upi, upj, diag_up[upi], diag_up[upj])

    dni = (n - 1) + sol[j] - i  # new downward diagonal of queen in row i
    dnj = (n - 1) + sol[i] - j  #                                       j
    delta += increase(dni, dnj, diag_dn[dni], diag_dn[dnj])

    return delta
```

```
def find_move(n_iter, tabu, best_colls, sol, diag_up, diag_dn, ncolls):
    """Return a tuple (i,j) with the best move.

    Checks all possible moves from the current solution, and choose the one that:
        * is not TABU, or
        * is TABU but satisfies the aspiration criterion

    The candidate list is composed of all the possibilities
    of swapping two lines.

    ParameterS:
    """

    n = len(sol)
    best_delta = n   # value of best found move
    for i in range(0, n - 1):
        for j in range(i + 1, n):
            delta = evaluate_move(i, j, sol, diag_up, diag_dn)

            print("move %d-%d" % (i, j), "-> delta=%d;" % delta, end=" ")
            if tabu[i] >= n_iter:
                print("move is tabu;", end=" ")
                if ncolls + delta < best_colls:
                    print("aspiration criterion is satisfied;", end=" ")
            print()

            if (
                tabu[i] < n_iter or ncolls + delta < best_colls   # move is not tabu,
            ):  # or satisfies aspiration criterion
                if delta < best_delta:
                    best_delta = delta
                    best_i = i
                    best_j = j

    return best_i, best_j, best_delta
```

次に，初期解を構築するための手法とタブーサーチによる改善法のコードを示す．

```
def construct(sol):
    n = len(sol)
    ndiag = 2 * n - 1   # number of diagonals in the board

    # upward diagonals (index 0 corresponds to the diagonal on upper-left square)
    diag_up = [0 for i in range(ndiag)]

    # downward diagonals (index 0 corresponds to the diagonal on upper-right square)
    diag_dn = [0 for i in range(ndiag)]
```

```python
        cand = list(range(n))
        trials = 10 * int(math.log10(n))   # number of random trials
        for i in range(n):
            for t in range(trials):
                col_id = random.randint(0, len(cand) - 1)
                col = cand[col_id]
                colls = diag_up[i + col] + diag_dn[(n - 1) - i + col]
                if colls == 0:
                    sol[i] = col
                    diag_up[i + col] += 1
                    diag_dn[(n - 1) - i + col] += 1
                    del cand[col_id]
                    break
            else:
                mincolls = Infinity
                col_id = -1
                for j in range(len(cand)):
                    colls = diag_up[i + cand[j]] + diag_dn[(n - 1) - i + cand[j]]
                    if colls < mincolls:
                        mincolls = colls
                        col = cand[j]
                        col_id = j
                sol[i] = col
                diag_up[i + col] += 1
                diag_dn[(n - 1) - i + col] += 1
                del cand[col_id]
            # print "row",i,"is assigned to col",col
        return diag_up, diag_dn


def fast_tabu_search(sol, diag_up, diag_dn):
    LOG = 0
    n = len(sol)
    tabu = [-1] * n
    maxiter = 100000
    tabulen = min(10, n)
    for n_iter in range(maxiter):
        for i in range(n - 1, -1, -1):
            colls = diag_up[i + sol[i]] + diag_dn[(n - 1) - i + sol[i]]
            if colls - 2 > 0:
                istar = i
                break
        else:   # no collusion, we finish the search
            break

        # print "swap candidate is",istar
        delta = -999999
        jstar = -1
        for j in range(n):
            if tabu[j] >= n_iter or j == istar:
```

```
            continue
        temp = (diag_up[j + sol[j]] + diag_dn[(n - 1) - j + sol[j]] + colls) - (
            diag_up[istar + sol[j]]
            + diag_dn[(n - 1) - istar + sol[j]]
            + diag_up[j + sol[istar]]
            + diag_dn[(n - 1) - j + sol[istar]]
        )
        if temp > delta:
            delta = temp
            jstar = j

    print("iter=", n_iter, "swap", istar, jstar, "delta=", delta)
    if jstar == -1:  # clear tabu list
        tabulen = int(tabulen / 2) + 1
        tabu = [-1] * n
    else:
        tabu[istar] = tabu[jstar] = n_iter + random.randint(1, tabulen)
        exchange(istar, jstar, sol, diag_up, diag_dn)

    if LOG:
        display(sol)
        up, dn = diagonals(sol)
        print("queens on upward diagonals:", up)
        print("queens on downward diagonals:", dn)
        ncolls = collisions(up) + collisions(dn)
```

以下に実行例を示す．計算時間は平均的は $O(n)$ であり，大規模な問題例でも高速である（ただし，display 関数による解の表示には時間がかかるので注意）．

```
%time
n = 30
sol=list(range(n))
up,dn=construct(sol)
ncolls = collisions(up) + collisions(dn)
print("collisions of randomized greedy :", ncolls)
if LOG:
    print("initial solution (random greedy):")
    print("array:" , sol)
    display(sol)
    print("queens on upward diagonals:", up)
    print("queens on downward diagonals:", dn)

print("starting fast tabu search")
fast_tabu_search(sol,up,dn)
ncolls = collisions(up) + collisions(dn)
print("collisions:", ncolls)
```

```
CPU times: user 3 µs, sys: 0 ns, total: 3 µs
Wall time: 4.77 µs
```

```
collisions of randomized greedy : 4
starting fast tabu search
iter= 0 swap 29 1 delta= 6
iter= 1 swap 28 0 delta= 4
iter= 2 swap 28 27 delta= 5
iter= 3 swap 28 13 delta= 5
iter= 4 swap 28 11 delta= 5
iter= 5 swap 28 26 delta= 5
collisions: 0
```

display(sol)

```
. . o o . o . . . o
```

A 付録1: 商用ソルバー

- 求解に使用した商用ソルバー

A.1 商用ソルバー

本書では，以下の商用ソルバーを利用している．
- 数理最適化ソルバー Gurobi
- 制約最適化ソルバー SCOP
- スケジューリング最適化ソルバー OptSeq
- 配送最適化ソルバー METRO
- ロジスティクス・ネットワーク設計システム MELOS
- シフト最適化システム OptShift
- 集合被覆最適化ソルバー OptCover
- 一般化割当最適化ソルバー OptGAP
- パッキング最適化ソルバー OptPack
- 巡回セールスマン最適化ソルバー CONCORDE, LKH

A.2 Gurobi

数理最適化ソルバー Gurobi は，https://www.gurobi.com/ からダウンロード・インストールできる．アカデミックは無料であり，インストール後 1 年間使用することができる．日本における総代理店は，オクトーバースカイ社 https://www.octobersky.jp/ である．

Gurobi で対象とするのは，数理最適化問題である．数理最適化とは，実際の問題を数式として書き下すことを経由して，最適解，もしくはそれに近い解を得るための方法論である．通常，数式は 1 つの目的関数と幾つかの満たすべき条件を記述した制約式から構成される．

目的関数とは，対象とする問題の総費用や総利益などを表す数式であり，総費用のように小さい方が嬉しい場合には最小化，総利益のように大きい方が嬉しい場合には最大化を目的とする．問題の本質は最小化でも最大化でも同じである（最大化は目的関数にマイナスの符号をつければ最小化になる）．

Gurobi の文法の詳細については，拙著『あたらしい数理最適化—Python 言語と Gurobi で解く—』（近代科学社, 2012）を参照されたい．

オープンソースの数理最適化ソルバーもある．本書では，Gurobi と同様の文法で記述できる mypulp (オープンソースの PuLP のラッパーモジュール) を用いている．

mypulp やその他のオープンソースライブラリの詳細については，拙著『Python 言語による
ビジネスアナリティクス—実務家のための最適化・統計解析・機械学習—』（近代科学社, 2016）
を参照されたい．

A.3 SCOP

SCOP（Solver for COnstraint Programing: スコープ）は，大規模な制約最適化問題を高速に
解くためのソルバーである．

ここで，制約最適化（constraint optimization）数理最適化を補完する最適化理論の体系であ
り，組合せ最適化問題に特化した求解原理—メタヒューリスティクス（metaheuristics）—を用
いるため，数理最適化ソルバーでは求解が困難な大規模な問題に対しても，効率的に良好な解
を探索することができる．

このモジュールは，すべて Python で書かれたクラスで構成されている．SCOP のトライア
ルバージョンは，`http://logopt.com/scop2/` からダウンロード，もしくは GitHub（`https:`
`//github.com/mikiokubo/scoptrial`）からクローンできる．また，テクニカルドキュメン
トは，`https://scmopt.github.io/manual/14scop.html` にある．

SCOP で対象とするのは，汎用の重み付き制約充足問題である．

一般に**制約充足問題**（constraint satisfaction problem）は，以下の 3 つの要素から構成される．
- 変数（variable）：分からないもの，最適化によって決めるもの．制約充足問題では，変数
は，与えられた集合（以下で述べる「領域」）から 1 つの要素を選択することによって決め
られる．
- 領域（domain）：変数ごとに決められた変数の取り得る値の集合．
- 制約（constraint）：幾つかの変数が同時にとることのできる値に制限を付加するための条件．
SCOP では線形制約（線形式の等式，不等式），2 次制約（一般の 2 次式の等式，不等式），
相異制約（集合に含まれる変数がすべて異なることを表す制約）が定義できる．

制約充足問題は，制約をできるだけ満たすように，変数に領域の中の 1 つの値を割り当て
ることを目的とした問題である．

SCOP では，**重み付き制約充足問題**（weighted constraint satisfaction problem）を対象とする．

ここで「制約の重み」とは，制約の重要度を表す数値であり，SCOP では正数値もしくは無限
大を表す文字列 'inf' を入力する．'inf' を入力した場合には，制約は**絶対制約**（hard constraint）
とよばれ，その逸脱量は優先して最小化される．重みに正数値を入力した場合には，制約は**考
慮制約**（soft constraint）とよばれ，制約を逸脱した量に重みを乗じたものの和の合計を最小化
する．

すべての変数に領域内の値を割り当てたものを**解**（solution）とよぶ．SCOP では，単に制
約を満たす解を求めるだけでなく，制約からの逸脱量の重み付き和（ペナルティ）を最小にす
る解を探索する．

■ A.3.1 SCOP モジュールの基本クラス
SCOP は，以下のクラスから構成されている．
- モデルクラス Model

- 変数クラス Variable
- 制約クラス Constraint（これは，以下のクラスのスーパークラスである）
  - 線形制約クラス Linear
  - 2 次制約クラス Quadratic
  - 相異制約クラス Alldiff

A.4　OptSeq

　スケジューリング（scheduling）とは，稀少資源を諸活動へ（時間軸を考慮して）割り振るための方法に対する理論体系である．スケジューリングの応用は，工場内での生産計画，計算機におけるジョブのコントロール，プロジェクトの遂行手順の決定など，様々である．

　ここで考えるのは，以下の一般化資源制約付きスケジューリングモデルであり，ほとんどの実際問題をモデル化できるように設計されている．
- 複数の作業モードをもつ作業
- 時刻依存の資源使用可能量上限
- 作業ごとの納期と重み付き納期遅れ和
- 作業の後詰め
- 作業間に定義される一般化された時間制約
- モードごとに定義された時刻依存の資源使用量
- モードの並列処理
- モードの分割処理
- 状態の考慮

　OptSeq（オプトシーク）は，一般化スケジューリング問題に対する最適化ソルバーである．スケジューリング問題は，通常の混合整数最適化ソルバーが苦手とするタイプの問題であり，実務における複雑な条件が付加されたスケジューリング問題に対しては，専用の解法が必要となる．OptSeq は，スケジューリング問題に特化した**メタヒューリスティクス**（metaheuristics）を用いることによって，大規模な問題に対しても短時間で良好な解を探索することができるように設計されている

　このモジュールは，すべて Python で書かれたクラスで構成されている．OptSeq のトライアルバージョンは，http://logopt.com/optseq/ からダウンロード，もしくは GitHub（https://github.com/mikiokubo/optseqtrial）からクローンできる．また，テクニカルドキュメントは，https://scmopt.github.io/manual/07optseq.html にある．

■ A. 4.1　OptSeq モジュールの基本クラス

　行うべき仕事（ジョブ，作業，タスク）を**作業**（activity; 活動）とよぶ．スケジューリング問題の目的は作業をどのようにして時間軸上に並べて遂行するかを決めることであるが，ここで対象とする問題では作業を処理するための方法が何通りかあって，そのうち 1 つを選択することによって処理するものとする．このような作業の処理方法を**モード**（mode）とよぶ．

　納期や納期遅れのペナルティ（重み）は作業ごとに定めるが，作業時間や資源の使用量はモードごとに決めることができる．

　作業を遂行するためには**資源**（resource）を必要とする場合がある．資源の使用可能量は時刻ごとに変化しても良いものとする．また，モードごとに定める資源の使用量も作業開始からの経過時間によって変化しても良いものとする．通常，資源は作業完了後には再び使用可能になるものと仮定するが，お金や原材料のように一度使用するとなくなってしまうものも考えられる．そのような資源を**再生不能資源**（nonrenewable resource）とよぶ．

　作業間に定義される**時間制約**（time constraint）は，ある作業（先行作業）の処理が終了するまで，別の作業（後続作業）の処理が開始できないことを表す先行制約を一般化したものであり，先行作業の開始（完了）時刻と後続作業の開始（完了）時刻の間に以下の制約があることを規定する．

- 先行作業の開始（完了）時刻 + 時間ずれ ≤ 後続作業の開始（完了）時刻

　ここで，時間ずれは任意の整数値であり負の値も許すものとする．この制約によって，作業の同時開始，最早開始時刻，時間枠などの様々な条件を記述することができる．

　OptSeq では，モードを作業時間分の小作業の列と考え，処理の途中中断や並列実行も可能であるとする．その際，中断中の資源使用量や並列作業中の資源使用量も別途定義できるものとする．

　また，時刻によって変化させることができる**状態**（state）が準備され，モード開始の状態の制限やモードによる状態の推移を定義できる．

A.5 　METRO

　METRO（MEta Truck Routing Optimizer）は，配送計画問題に特化したソルバーである．METRO では，ほとんどの実際問題を解けるようにするために，以下の一般化をした配送計画モデルを考える．
- 複数時間枠制約
- 多次元容量非等質運搬車
- 配達・集荷
- 積み込み・積み降ろし
- 複数休憩条件
- スキル条件
- 優先度付き
- パス型許容
- 複数デポ（運搬車ごとの発地，着地）

　SCMOPT プロジェクトの一部としてデモが https://www.logopt.com/demo/ にあり，概要は https://www.logopt.com/metro にある．また，テクニカルドキュメントは，https://scmopt.github.io/manual/02metro.html にある．

A.6 　MELOS

　MELOS（MEta Logistics Optimization System）は，ロジスティクス・ネットワーク設計問題に対する最適化システムである．

SCMOPT プロジェクトの一部としてデモが https://www.logopt.com/demo/ にあり，概要は https://www.logopt.com/melos/ にある．また，テクニカルドキュメントは，https://scmopt.github.io/manual/05lnd.html にある．

A.7 MESSA

MESSA（MEta Safety Stock Allocation system）は，在庫計画問題に対する最適化システムである．

SCMOPT プロジェクトの一部としてデモが https://www.logopt.com/demo/ にあり，概要は https://www.logopt.com/messa/ にある．また，テクニカルドキュメントは，https://scmopt.github.io/manual/03inventory.html にある．

A.8 OptLot

OptLot は，動的ロットサイズ決定問題に対する最適化システムである．

SCMOPT プロジェクトの一部としてデモが https://www.logopt.com/demo/ にあり，概要は https://www.logopt.com/optlot/ にある．また，テクニカルドキュメントは，https://scmopt.github.io/manual/11lotsize.html にある

A.9 OptShift

OptShift は，シフト計画問題に対する最適化システムである．

SCMOPT プロジェクトの一部としてデモが https://www.logopt.com/demo/ にある．また，テクニカルドキュメントは，https://scmopt.github.io/manual/10shift.html にある

A.10 OptCover

OptCover は，大規模な集合被覆問題を高速に解くためのソルバーである．アカデミック利用は無料であり，作者に直接連絡をとることによって利用可能である．作者の HP を以下に示す．
http://www.co.mi.i.nagoya-u.ac.jp/~yagiura/
商用の場合には以下のサイトを参照されたい．
https://www.logopt.com/optcover/

A.11 OptGAP

OptGAP は，大規模な一般化割当問題を高速に解くためのソルバーである．アカデミック利用は無料であり，作者に直接連絡をとることによって利用可能である．作者の HP を以下に

示す.

http://www.co.mi.i.nagoya-u.ac.jp/~yagiura/

商用の場合には以下のコンタクトフォームを使用されたい.

https://www.logopt.com/contact-us/#contact

A.12 OptPack

OptPack は,大規模な 2 次元パッキング問題を高速に解くためのソルバーである.アカデ
ミック利用は無料であり,作者に直接連絡をとることによって利用可能である.作者の HP を
以下に示す.

https://sites.google.com/g.chuo-u.ac.jp/imahori/

商用の場合には以下のコンタクトフォームを使用されたい.

https://www.logopt.com/contact-us/#contact

A.13 CONCORDE

CONCORDE は,巡回セールスマン問題に対する厳密解法と近似解法であり,以下のサイト
からダウンロードできる.

https://www.math.uwaterloo.ca/tsp/concorde/downloads/downloads.htm

アカデミック利用は無料であるが,商用利用の場合には作者の William Cook に連絡をする
必要がある.

A.14 LKH

LKH は,巡回セールスマン問題に対する近似解法(Helsgaun による Lin-Kernighan 法)で
あり,以下のサイトからダウンロードできる.

http://webhotel4.ruc.dk/~keld/research/LKH-3/

アカデミック・非商用のみ無料であるが,商用利用の場合には作者の Keld Helsgaun に連絡
をする必要がある.

B 付録2: グラフに対する基本操作

- ここでは，グラフに関する基本的な関数を定義しておく．

B.1 本章で使用するパッケージ

```
import random, math
import networkx as nx
import plotly.graph_objs as go
import plotly
```

B.2 グラフの基礎

グラフ（graph）は点（node, vertex, point）集合 V と枝（edge, arc, link）集合 E から構成され，$G = (V, E)$ と記される．点集合の要素を $u, v(\in V)$ などの記号で表す．枝集合の要素を $e(\in E)$ と表す．2 点間に複数の枝がない場合には，両端点 u, v を決めれば一意に枝が定まるので，枝を両端にある点の組として (u, v) もしくは uv と表すことができる．

枝の両方の端にある点は，互いに隣接（adjacent）しているとよばれる．また，枝は両端の点に接続（incident）しているとよばれる．点に接続する枝の本数を次数（degree）とよぶ．

枝に「向き」をつけたグラフを有向グラフ（directed graph, digraph）とよび，有向グラフの枝を有向枝（directed edge, arc, link）とよぶ．一方，通常の（枝に向きをつけない）グラフであることを強調したいときには，グラフを無向グラフ（undirected graph）とよぶ．点 u から点 v に向かう有向枝 $(u, v) \in E$ に対して，u を枝の尾（tail）もしくは始点，v を枝の頭（head）もしくは終点とよぶ．また，点 v を u の後続点（successor），点 u を v の先行点（predecessor）とよぶ．

パス（path）とは，点とそれに接続する枝が交互に並んだものである．同じ点を通過しないパスを，特に単純パス（simple path）とよぶ．閉路（circuit）とは，パスの最初の点（始点）と最後の点（終点）が同じ点であるグラフである．同じ点を通過しない閉路を，特に単純閉路（cycle）とよぶ．

完全グラフ（complete graph）とは，すべての点間に枝があるグラフである．完全 2 部グラフ（complete bipartite graph）とは，点集合を 2 つの部分集合に分割して，（各集合内の点同士の間には枝をはらず；これが 2 部グラフの条件である）異なる点集合に含まれるすべての点間に枝をはったグラフである．

B.3 ランダムグラフの生成

以下の関数では，グラフは点のリスト nodes と隣接点（の集合）のリスト adj として表現している．

ここで生成するグラフは，『メタヒューリスティクスの数理』（共立出版, 2019）で用いられたものであり，グラフ問題に対する様々なメタヒューリスティクスで用いられる．

- rnd_graph: 点数 n と点の発生確率 prob を与えるとランダムグラフの点リスト nodes と枝リスト edges を返す．
- rnd_adj: 点数 n と点の発生確率 prob を与えるとランダムグラフの点リスト nodes と隣接点のリスト adj を返す．
- rnd_adj_fast: rnd_adj 関数の高速化版．大きなランダムグラフを生成する場合には，こちらを使う．
- adjacent: 点リスト nodes と枝リスト edges を与えると，隣接点のリスト adj を返す．

```python
def rnd_graph(n, prob):
    """Make a random graph with 'n' nodes, and edges created between
    pairs of nodes with probability 'prob'.
    Returns a pair, consisting of the list of nodes and the list of edges.
    """
    nodes = list(range(n))
    edges = []
    for i in range(n - 1):
        for j in range(i + 1, n):
            if random.random() < prob:
                edges.append((i, j))
    return nodes, edges


def rnd_adj(n, prob):
    """Make a random graph with 'n' nodes and 'nedges' edges.
    return node list [nodes] and adjacency list (list of list) [adj]"""
    nodes = list(range(n))
    adj = [set([]) for i in nodes]
    for i in range(n - 1):
        for j in range(i + 1, n):
            if random.random() < prob:
                adj[i].add(j)
                adj[j].add(i)
    return nodes, adj


def rnd_adj_fast(n, prob):
    """Make a random graph with 'n' nodes, and edges created between
    pairs of nodes with probability 'prob', running in  O(n+m)
    [n is the number of nodes and m is the number of edges].
    Returns a pair, consisting of the list of nodes and the list of edges.
```

```
"""
    nodes = list(range(n))
    adj = [set([]) for i in nodes]

    if prob == 1:
        return nodes, [[j for j in nodes if j != i] for i in nodes]

    i = 1  # the first node index
    j = -1
    logp = math.log(1.0 - prob)  #

    while i < n:
        logr = math.log(1.0 - random.random())
        j += 1 + int(logr / logp)
        while j >= i and i < n:
            j -= i
            i += 1
        if i < n:  # else, graph is ready
            adj[i].add(j)
            adj[j].add(i)
    return nodes, adj


def adjacent(nodes, edges):
    """Determine the adjacent nodes on the graph."""
    adj = [set([]) for i in nodes]
    for (i, j) in edges:
        adj[i].add(j)
        adj[j].add(i)
    return adj
```

```
nodes, adj = rnd_adj_fast(10, 0.5)
print("nodes=", nodes)
print("adj=", adj)
```

```
nodes= [0, 1, 2, 3, 4, 5, 6, 7, 8, 9]
adj= [{1, 9}, {0, 2, 4, 5, 6, 7, 8}, {1, 3, 4, 5}, {2, 4, 5, 6, 8}, {1, 2, 3, 7, ↩
8}, {1, 2, 3}, {1, 3}, {8, 1, 4, 9}, {1, 3, 4, 7, 9}, {0, 8, 7}]
```

B.4　グラフを networkX に変換する関数

　networkX は，Python 言語で使用可能なグラフ・ネットワークに対する標準パッケージである．networkX については，http://networkx.github.io/ を参照されたい．
　以下に，上の隣接リスト形式のグラフを networkX のグラフに変換するプログラムを示す．

```
def to_nx_graph(nodes, adj):
    G = nx.Graph()
```

```
E = [(i, j) for i in nodes for j in adj[i]]
G.add_edges_from(E)
return G
```

```
G = to_nx_graph(nodes, adj)
print(G.edges())
```

```
[(0, 1), (0, 9), (1, 2), (1, 4), (1, 5), (1, 6), (1, 7), (1, 8), (9, 7), (9, 8), ↩
(2, 3), (2, 4), (2, 5), (4, 3), (4, 7), (4, 8), (5, 3), (6, 3), (7, 8), (8, 3)]
```

B.5 networkX のグラフを Plotly の図に変換する関数

Plotly はオープンソースの描画パッケージである（ https://plotly.com/python/ ）.
networkX のグラフを Plotly の図オブジェクトに変換するプログラムを示す.

```
def to_plotly_fig(
    G,
    node_size=20,
    line_width=2,
    line_color="blue",
    text_size=20,
    colorscale="Rainbow",
    pos=None,
):

    node_x = []
    node_y = []
    if pos is None:
        pos = nx.spring_layout(G)
    color, text = [], []
    for v in G.nodes():
        x, y = pos[v][0], pos[v][1]
        color.append(G.nodes[v]["color"])
        text.append(v)
        node_x.append(x)
        node_y.append(y)

    node_trace = go.Scatter(
        x=node_x,
        y=node_y,
        mode="markers+text",
        hoverinfo="text",
        text=text,
        textposition="bottom center",
        textfont_size=text_size,
        marker=dict(
            showscale=True,
```

```
        # colorscale options
        #'Greys' | 'YlGnBu' | 'Greens' | 'YlOrRd' | 'Bluered' | 'RdBu' |
        #'Reds' | 'Blues' | 'Picnic' | 'Rainbow' | 'Portland' | 'Jet' |
        #'Hot' | 'Blackbody' | 'Earth' | 'Electric' | 'Viridis' |
        colorscale=colorscale,
        reversescale=True,
        color=color,
        size=node_size,
        colorbar=dict(
            thickness=15, title="Node Color", xanchor="left", titleside="right"
        ),
        line_width=2,
    ),
)

edge_x = []
edge_y = []
for edge in G.edges():
    x0, y0 = pos[edge[0]]
    x1, y1 = pos[edge[1]]
    edge_x.append(x0)
    edge_x.append(x1)
    edge_x.append(None)
    edge_y.append(y0)
    edge_y.append(y1)
    edge_y.append(None)

edge_trace = go.Scatter(
    x=edge_x,
    y=edge_y,
    line=dict(width=line_width, color=line_color),
    hoverinfo="none",
    mode="lines",
)

layout = go.Layout(
    # title='Graph',
    titlefont_size=16,
    showlegend=False,
    hovermode="closest",
    margin=dict(b=20, l=5, r=5, t=40),
    xaxis=dict(showgrid=False, zeroline=False, showticklabels=False),
    yaxis=dict(showgrid=False, zeroline=False, showticklabels=False),
)
fig = go.Figure([node_trace, edge_trace], layout)

return fig
```

```
for v in G.nodes():
```

```
    G.nodes[v]["color"] = random.randint(0, 3)
fig = to_plotly_fig(G)
plotly.offline.plot(fig);
```

```
from IPython.display import Image
Image("../figure/networkx_plotly.PNG", width=800)
```

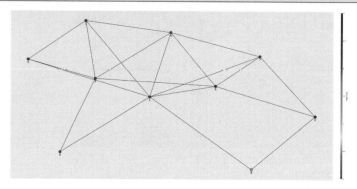

B.6 ユーティリティー関数群

以下に本書で用いるグラフに対する様々なユーテリティ関数を示す.
- complement: 補グラフを生成する.
- shuffle: グラフの点と隣接リストをランダムにシャッフルする.
- read_gpp_graph: DIMACS のデータフォーマットのグラフ分割問題のグラフを読む.
- read_gpp_coords: DIMACS のデータフォーマットのグラフ分割問題の座標を読む.
- read_graph: DIMACS のデータフォーマットの最大クリーク問題のグラフを読む.
- read_compl_graph: : DIMACS のデータフォーマットの最大クリーク問題の補グラフを読む.

```
def complement(nodes, edges):
    """determine the complement of 'edges'"""
    compl = []
    edgeset = set(edges)
    for i in range(len(nodes) - 1):
        for j in range(i + 1, len(nodes)):
            if (i, j) not in edgeset:
                # assert (i,j) not in compl
                compl.append((i, j))
    return compl

def shuffle(nodes, adj):
    """randomize graph: exchange labels of two vertices, a number of times"""
    n = len(nodes)
    order = list(range(n))
    random.shuffle(order)
```

```
    newadj = [None for i in nodes]
    for i in range(n):
        newadj[order[i]] = [order[j] for j in adj[i]]
        newadj[order[i]].sort()
    return newadj


def read_gpp_graph(filename):
    """Read a file in the format specified by David Johnson for the DIMACS
    graph partitioning challenge.
    Instances are available at ftp://dimacs.rutgers.edu/pub/dsj/partition
    """
    try:
        if len(filename) > 3 and filename[-3:] == ".gz":  # file compressed with gzip
            import gzip

            f = gzip.open(filename, "rb")
        else:  # usual, uncompressed file
            f = open(filename)
    except IOError:
        print("could not open file", filename)
        exit(-1)

    lines = f.readlines()
    f.close()
    n = len(lines)
    nodes = list(range(n))
    edges = set([])
    adj = [[] for i in nodes]
    pos = [None for i in nodes]

    for i in nodes:
        lparen = lines[i].find("(")
        rparen = lines[i].find(")") + 1
        exec("x,y = %s" % lines[i][lparen:rparen])
        pos[i] = (x, y)
        paren = lines[i].find(")") + 1
        remain = lines[i][paren:].split()
        for j_ in remain[1:]:
            j = int(j_) - 1  # -1 for having nodes index starting on 0
            if j > i:
                edges.add((i, j))
            adj[i].append(j)
    for (i, j) in edges:
        assert i in adj[j] and j in adj[i]
    return nodes, adj


def read_gpp_coords(filename):
```

```
    """Read coordinates for a graph in the format specified by David Johnson
    for the DIMACS graph partitioning challenge.
    Instances are available at ftp://dimacs.rutgers.edu/pub/dsj/partition
    """
    try:
        if len(filename) > 3 and filename[-3:] == ".gz":  # file compressed with gzip
            import gzip

            f = gzip.open(filename, "rb")
        else:  # usual, uncompressed file
            f = open(filename)
    except IOError:
        print("could not open file", filename)
        exit(-1)

    lines = f.readlines()
    f.close()
    n = len(lines)
    nodes = list(range(n))
    pos = [None for i in nodes]
    for i in nodes:
        lparen = lines[i].find("(")
        rparen = lines[i].find(")") + 1
        exec("x,y = %s" % lines[i][lparen:rparen])
        pos[i] = (x, y)
    return pos


def read_graph(filename):
    """Read a graph from a file in the format specified by David Johnson
    for the DIMACS clique challenge.
    Instances are available at
    ftp://dimacs.rutgers.edu/pub/challenge/graph/benchmarks/clique
    """
    try:
        if len(filename) > 3 and filename[-3:] == ".gz":  # file compressed with gzip
            import gzip

            f = gzip.open(filename, "rb")
        else:  # usual, uncompressed file
            f = open(filename)
    except IOError:
        print("could not open file", filename)
        exit(-1)

    for line in f:
        if line[0] == "e":
            e, i, j = line.split()
            i, j = int(i) - 1, int(j) - 1  # -1 for having nodes index starting on 0
            adj[i].add(j)
```

```
            adj[j].add(i)
        elif line[0] == "c":
            continue
        elif line[0] == "p":
            p, name, n, nedges = line.split()
            # assert name == 'clq'
            n, nedges = int(n), int(nedges)
            nodes = list(range(n))
            adj = [set([]) for i in nodes]
    f.close()
    return nodes, adj


def read_compl_graph(filename):
    """Produce complementary graph with respect to the one define in a file,
    in the format specified by David Johnson for the DIMACS clique challenge.
    Instances are available at
    ftp://dimacs.rutgers.edu/pub/challenge/graph/benchmarks/clique
    """
    nodes, adj = read_graph(filename)
    nset = set(nodes)
    for i in nodes:
        adj[i] = nset - adj[i] - set([i])
    return nodes, adj
```

索　引

全3巻分を掲載．太字：本巻，サンセリフ体：付録

著者略歴

久保幹雄
（く ほ みき お）

1963 年　埼玉県に生まれる
1990 年　早稲田大学大学院理工学研究科
　　　　博士後期課程修了
現　在　東京海洋大学教授
　　　　博士（工学）

Python による実務で役立つ最適化問題 100+
3. 配送計画・パッキング・スケジューリング　定価はカバーに表示

2022 年 12 月 1 日　初版第 1 刷
2024 年 11 月 25 日　　　第 3 刷

著　者　久　保　幹　雄

発行者　朝　倉　誠　造

発行所　株式会社　朝　倉　書　店

東京都新宿区新小川町 6-29
郵 便 番 号　162-8707
電　話　03（3260）0141
Ｆ Ａ Ｘ　03（3260）0180
https://www.asakura.co.jp

〈検印省略〉

Ⓒ 2022 〈無断複写・転載を禁ず〉　　　　シナノ印刷・渡辺製本

ISBN 978-4-254-12275-6　C 3004　　　　Printed in Japan

JCOPY ＜出版者著作権管理機構 委託出版物＞

本書の無断複写は著作権法上での例外を除き禁じられています．複写される場合は，
そのつど事前に，出版者著作権管理機構（電話 03-5244-5088，ＦＡＸ 03-5244-5089，
e-mail：info@jcopy.or.jp）の許諾を得てください．

実践 Python ライブラリー Python による ファイナンス入門

中妻 照雄 (著)

A5 判／176 頁　978-4-254-12894-9 C3341　定価 3,080 円（本体 2,800 円＋税）

初学者向けにファイナンスの基本事項を確実に押さえた上で，Python による実装をプログラミングの基礎から丁寧に解説。〔内容〕金利・現在価値・内部収益率・債権分析／ポートフォリオ選択／資産運用における最適化問題／オプション価格

実践 Python ライブラリー Python による 数理最適化入門

久保 幹雄 (監修) ／並木 誠 (著)

A5 判／208 頁　978-4-254-12895-6 C3341　定価 3,520 円（本体 3,200 円＋税）

数理最適化の基本的な手法を Python で実践しながら身に着ける。初学者にも試せるようにプログラミングの基礎から解説。〔内容〕Python 概要／線形最適化／整数線形最適化問題／グラフ最適化／非線形最適化／付録: 問題の難しさと計算量

実践 Python ライブラリー Kivy プログラミング
―Python でつくるマルチタッチアプリ―

久保 幹雄 (監修) ／原口 和也 (著)

A5 判／200 頁　978-4-254-12896-3 C3341　定価 3,520 円（本体 3,200 円＋税）

スマートフォンで使えるマルチタッチアプリを Python Kivy で開発。〔内容〕ウィジェット／イベントとプロパティ／ KV 言語／キャンバス／サンプルアプリの開発／次のステップに向けて／ウィジェット・リファレンス／他。

実践 Python ライブラリー はじめての Python & seaborn
―グラフ作成プログラミング―

十河 宏行 (著)

A5 判／192 頁　978-4-254-12897-0 C3341　定価 3,300 円（本体 3,000 円＋税）

作図しながら Python を学ぶ〔内容〕準備／いきなり棒グラフを描く／データの表現／ファイルの読み込み／ヘルプ／いろいろなグラフ／日本語表示と制御文／ファイルの実行／体裁の調整／複合的なグラフ／ファイルへの保存／データ抽出と関数

実践 Python ライブラリー Python による ベイズ統計学入門

中妻 照雄 (著)

A5 判／224 頁　978-4-254-12898-7 C3341　定価 3,740 円（本体 3,400 円＋税）

ベイズ統計学を基礎から解説，Python で実装。マルコフ連鎖モンテカルロ法には PyMC3 を活用。〔内容〕「データの時代」におけるベイズ統計学／ベイズ統計学の基本原理／様々な確率分布／ PyMC ／時系列データ／マルコフ連鎖モンテカルロ法

実践 Python ライブラリー Python による計量経済学入門

中妻 照雄 (著)

A5 判／224 頁　978-4-254-12899-4　C3341　定価 3,740 円（本体 3,400 円＋税）
確率論の基礎からはじめ，回帰分析，因果推論まで解説。理解して Python で実践〔内容〕エビデンスに基づく政策決定に向けて／不確実性の表現としての確率／データ生成過程としての確率変数／回帰分析入門／回帰モデルの拡張と一般化

実践 Python ライブラリー Python による数値計算入門

河村 哲也・桑名 杏奈 (著)

A5 判／216 頁　978-4-254-12900-7　C3341　定価 3,740 円（本体 3,400 円＋税）
数値計算の基本からていねいに解説，理解したうえで Python で実践。〔内容〕数値計算をはじめる前に／非線形方程式／連立 1 次方程式／固有値／関数の近似／数値微分と数値積分／フーリエ変換／常微分方程式／偏微分方程式。

実践 Python ライブラリー Python によるマクロ経済予測入門

新谷 元嗣・前橋 昂平 (著)

A5 判／224 頁　978-4-254-12901-4　C3341　定価 3,850 円（本体 3,500 円＋税）
マクロ経済活動における時系列データを解析するための理論を理解し，Python で実践。[内容] AR モデルによる予測／マクロ経済データの変換／予測変数と予測モデルの選択／動学因子モデルによる予測／機械学習による予測。

pandas クックブック —Python によるデータ処理のレシピ—

Theodore Petrou (著)／黒川 利明 (訳)

A5 判／384 頁　978-4-254-12242-8　C3004　定価 4,620 円（本体 4,200 円＋税）
データサイエンスや科学計算に必須のツールを詳説。〔内容〕基礎／必須演算／データ分析開始／部分抽出／boolean インデックス法／インデックスアライメント／集約，フィルタ，変換／整然形式／オブジェクトの結合／時系列分析／可視化

事例とベストプラクティス Python 機械学習
—基本実装と scikit-learn/TensorFlow/PySpark 活用—

Yuxi (Hayden) Liu (著)／黒川 利明 (訳)

A5 判／304 頁　978-4-254-12244-2　C3041　定価 4,290 円（本体 3,900 円＋税）
人工知能のための機械学習の基本，重要なアルゴリズムと技法，実用的なベストプラクティス。【例】テキストマイニング，教師あり学習によるオンライン広告クリックスルー予測，学習のスケールアップ（Spark），回帰による株価予測。

Python インタラクティブ・データビジュアライゼーション入門
―Plotly/Dash によるデータ可視化と Web アプリ構築―

@driller・小川 英幸・古木 友子 (著)

B5 判／288 頁　978-4-254-12258-9 C3004　定価 4,400 円（本体 4,000 円＋税）

Web サイトで公開できる対話的・探索的（読み手が自由に動かせる）可視化を Python で
実践。データ解析に便利な Plotly，アプリ化のためのユーザインタフェースを作成できる
Dash，ネットワーク図に強い Dash Cytoscape を具体的に解説。

Transformer による自然言語処理

Denis Rothman(著) ／黒川 利明 (訳)

A5 判／308 頁　978-4-254-12265-7 C3004　定価 4,620 円（本体 4,200 円＋税）

機械翻訳，音声テキスト変換といった技術の基となる自然言語処理。その最有力手法であ
る深層学習モデル Transformer の利用について基礎から応用までを詳説。〔内容〕アーキテ
クチャの紹介／事前訓練／機械翻訳／ニュースの分析。

FinTech ライブラリー Python による金融テキストマイニング

和泉 潔・坂地 泰紀・松島 裕康 (著)

A5 判／184 頁　978-4-254-27588-9 C3334　定価 3,300 円（本体 3,000 円＋税）

自然言語処理，機械学習による金融市場分析をはじめるために。〔内容〕概要／環境構築／
ツール／多変量解析（日銀レポート，市場予測）／深層学習（価格予測）／ブートストラッ
プ法（業績要因抽出）／因果関係（決算短信）／課題と将来。

Python と Q#で学ぶ量子コンピューティング

S. Kaiser・C. Granade(著) ／黒川 利明 (訳)

A5 判／344 頁　978-4-254-12268-8 C3004　定価 4,950 円（本体 4,500 円＋税）

量子コンピューティングとは何か，実際にコードを書きながら身に着ける。〔内容〕基礎
(Qubit, 乱数, 秘密鍵, 非局在ゲーム, データ移動) ／アルゴリズム（オッズ，センシン
グ）／応用（化学計算，データベース探索，算術演算）。

化学・化学工学のための実践データサイエンス
―Python によるデータ解析・機械学習―

金子 弘昌 (著)

A5 判／192 頁　978-4-254-25047-3 C3058　定価 3,300 円（本体 3,000 円＋税）

ケモインフォマティクス，マテリアルズインフォマティクス，プロセスインフォマティク
スなどと呼ばれる化学・化学工学系のデータ処理で実際に使える統計解析・機械学習手法
を解説。Python によるサンプルコードで実践。